愛知大学綜合郷土研究所ブックレット

③

森の自然誌

みどりのキャンパスから

市野和夫

● 目次 ●

はじめに 1

第一章 里山の大半がマツ林であった 2

クロマツとアカマツ／菌根―痩せ地で生きる植物と菌類の共生／松枯れの原因は？／コバノミツバツツジ（モチツツジ、ヤマツツジ）／シャシャンボ／サツキ、渓流を彩るツツジ

〈ヨーロッパの荒地、ヒース〉

第二章 雑木林の樹木 14

薪炭林―周期的伐採による萌芽再生林／コナラ、アベマキ、クヌギ／モンゴリナラとミズナラ／ヤマザクラ、カスミザクラ（ソメイヨシノ）／シデコブシ、ハナノキ、ヒトツバタゴ／コブシとタムシバ／エノキ、ケヤキ、ムクノキ、アキニレ（ニレ科）／アカメガシワ／ネムノキ

第三章 常緑広葉樹林（照葉樹林）とその構成種 22

スダジイ、ツブラジイ／スダジイとツブラジイ（コジイ）の違い／マテバシイ／シラカシ、イチイガシ、アカガシ／カシとナラの区分は？／ブナ科の中の風媒花と虫媒花／ヤマモモ／クスノキ、ヤブニッケイ、タブノキ（クスノキ科）／ヤブツバキ、サザンカ（ツバキ属）／ヒサカキ、サカキ、モッコク（ツバキ科）／クロガネモチ／照葉樹林の下生え／蔓植物

〈痩せ地で生きる植物と細菌類の共生〉 〈常緑樹と落葉樹の違いは？〉

第四章 温帯落葉樹林、温帯針葉樹林、および海岸林の樹種 44

気候帯と植生について／冷温帯落葉樹林／タカオカエデ（イロハモミジ）／温帯針葉樹林―モミ、ヒノキ、サワラ、イチイ、スギ／海岸林―ウバメガシ、ヒメユズリハ、モチノキ／ホルトノキ／イブキ／ガクアジサイ／ソテツ

〈オーク（oak）〉 〈針葉樹とは？〉

第五章 地球規模の視野で見る日本列島の森林・生態系 53

太平洋をはさんで両側に分布する隣の大陸の近親者／ハナノキ―第三紀周北極要素／南半球からやってきたイヌマキとナギ／サラワクの熱帯林で／カムチャツカの北方林で／アジア大陸との関係／中国中南部との共通種／北と南をつなぐ回廊

付章 61

メタセコイア／イチョウ／ユリノキ／海外から持ち込まれたもの／参考図書／引用文献

↓ヤマモモ（雌花）　↑シャシャンボ（果実）　↑クロマツの大木（雄花と雌花）

↓マテバシイ（花と二年果）　↑ネズ　↓スダジイ（花）

↑シラカシの大木（雄花と新葉）

→クスノキ（花）

モッコク→

↑タブノキ（新芽）

↓ツバキ

→ヒサカキ

→アオキの雄花

ヤマザクラ

↑アベマキ（果実）

↓コナラの新葉と雄花

アカメガシワ

↓マロニエ

センダン

シデコブシ

ヤマブキ

ウツギ

タイサンボク

ホルトノキ

モチノキ

チャの新葉

↑イヌマキ（果実）

ゲッケイジュ

↑ガクアジサイ

←イチョウの雌花

→ベニタケ（キノコ）

はじめに

愛知大学は、上海の東亜同文書院大学などから引き上げてきた教職員と学生が軸となり、第二次大戦が終息した翌一九四六年の十一月に豊橋市の現在地において創設された。その地には、敗戦まで旧陸軍施設があり、その建物と植栽樹をそっくり受け継いでの出発だった。したがって、一九〇八年の旧軍施設発足時に植樹されたものは、樹齢百年程度の大木となっている。その後、大学のさまざまな施設を建設する際に伐採されたり移植されたりしたものもあるが、緑化委員の方々をはじめとする関係者の努力に支えられて、現在のような緑深い大学の森が育まれてきた。

人類は、産業革命から二五〇年の間に未曾有の物質文明を発達させてきたが、他方でその文明の基盤を崩壊させるような、地球規模の自然・環境破壊に直面している。二十一世紀を迎えた今、われわれは自然との共生を実現するという重い課題を負っている。この小冊子でとりあげる大学の森の生き物たちをとおして、人類が共生すべき自然とはどのようなものかについて、読者の皆さんと共に考えてみようと思う。

第一章　里山の大半がマツ林であった

◉――クロマツとアカマツ

一九一四年ころに作られた古い地形図を取り出してみると、この地に旧陸軍の建物が設けられたころの植生がよく分かる。高師原と呼ばれるやせた赤土の洪積台地上には、貧相なマツがまばらに生え、ネズが所々に灰緑色の茂みをつくり、ネザサ、ススキ、コシダなどが地面を粗く覆っていた。春にはツツジがマツの根元を彩った。台地のところどころは桑畑として利用されてもいた。ざっとこんなイメージになるだろう。長期間にわたって近在の農民が柴刈りを続けたので、台地上の植生はほとんど禿げ、やせ細ってしまった。二川の集落の北側に接する弓張山脈の里山もほとんどマツ林であったと推定される。

マツの類は、このような貧栄養な環境でよく育つ樹木の代表である。旧軍の施設ができると同時に植樹されたのはクロマツであったものと推定される。一九七〇～八〇年代の西南日本で蔓延したマツ枯れ病によってキャンパスでも沢山のマツが枯れたが、現在でもクロマツの大木が講堂前や国道二五九号線沿いに残っている。また、旧本館の周囲にはよく手入れされたクロマツが配

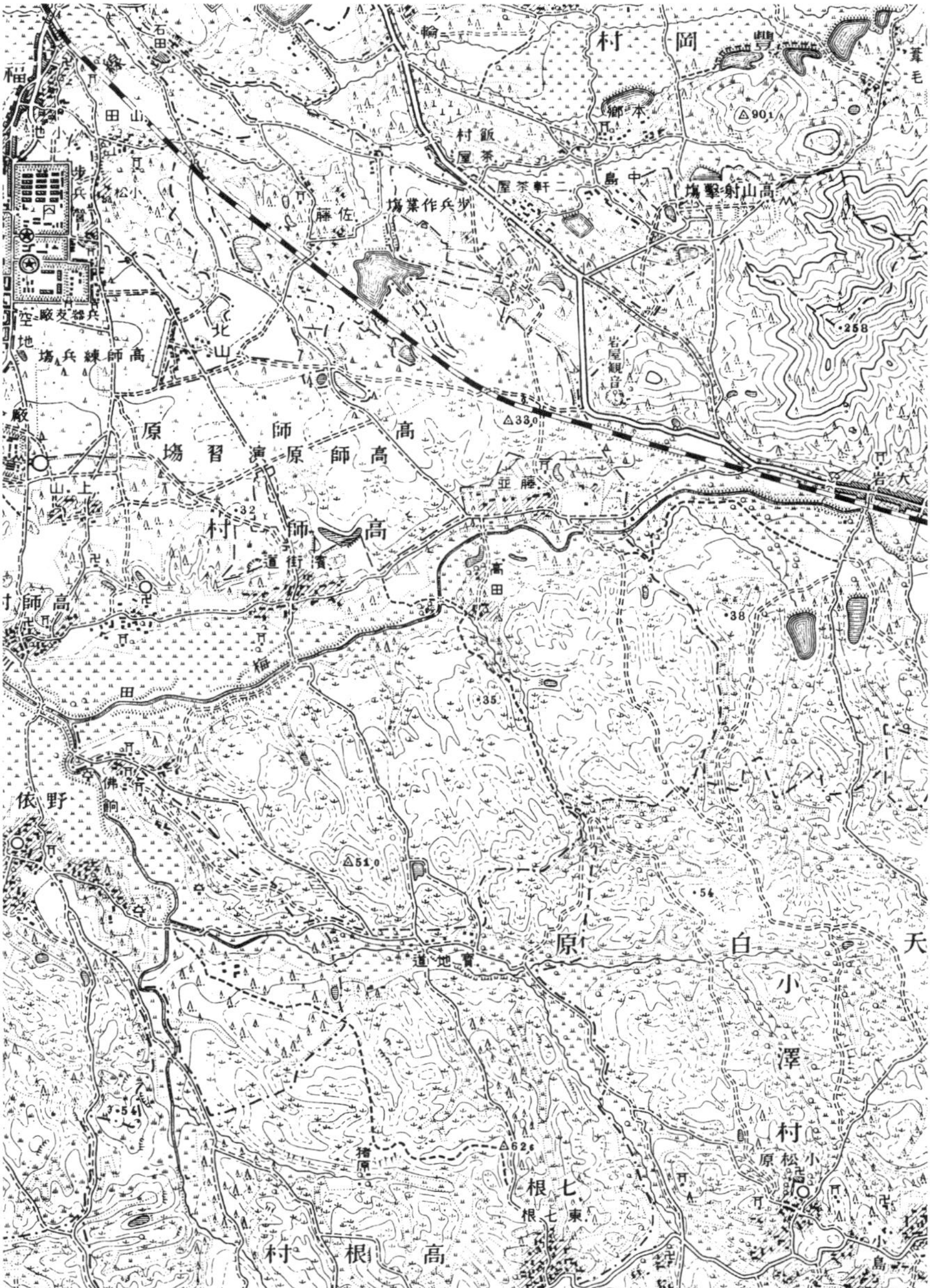

図１　1914年ころの地形図（豊橋町 1／50000図の部分）

3　里山の大半がマツ林であった

置されて、二階建ての木造洋風建築と見事な調和を成している。定期的に剪定されているので大木にはなっていないが、樹齢は百年前後に達しているものと推定される。

アカマツは、副門、旧本館前、短大門の各ロータリーの植えこみや、研究所北側など、枝振りのよい株が多数ある。また、根元から幹が放射状に出るタギョウショウ（多行松）という品種の一株は、新本館の建設の際に正門脇からエネルギー・センターの隣に移植された。

キャンパスでは四月中旬にクロマツが開花する。アカマツの開花はそれより遅く四月下旬である。同一場所に見られる近縁の植物種を比較してみると、種によって開花期がずれており、交雑が進まないようなしくみになっていることが多い。風によって送粉する植物は、多量の花粉を生産する。この時期に雨が降ると、多量のマツの花粉が落ちて、地面を黄色の縞模様に染める。花粉の飛散が済んでからしばらく経った五月中旬の雨の後には、ツクシ（土筆）の穂先を小ぶりにしたような雄花の残骸が地面に散乱する。

クロマツやアカマツの翼をつけた軽い種子は、風で運ばれ、陽光が当たる明るい場所で発芽し、成長する。稚樹は、常緑樹に覆われた暗い林床では育たない。クロマツは海岸林に分布し、潮風に比較的強く、海岸の防砂・防風林に用いられる。潮風の影響で他の樹木が侵入できない沿海域を生活の場としてきたものであろう。アカマツは潮風の吹きつける海沿いには分布しない。アカマツは、内陸の標高千メートル前後の尾根筋や、火山の熔岩・火山灰などが堆積したやせ地が本来の生育場所と考えられるが、標高の低い丘陵地でも、焼畑跡地など日当たりのよい土地には、種子が飛んできて広まったと考えられる。もちろん、やせ地で育つ樹種として、かつては広く植林もなされた。

マツの種子は脂肪分が多く、多種の鳥類やリス、シカなどの哺乳類にも好まれる。キャンパスではキジバトやドバトが地面に落ちた種子を盛んについばんでいる。チョウセンマツの大きな種子は、マツの実として食用にされており、味わわれた方も多いだろう。

マツ材は粘りがあり曲げに強く、梁などの建築用途に使われる。また、樹脂成分、いわゆる松脂を多く含むので、火力の強い薪として優れた燃料にもなる。松脂は、松が昆虫や菌類から身を守るために生産している二次代謝産物(注)である。

注：二次代謝とは、その生物が生理的に必要な呼吸やタンパク合成などの代謝（一次代謝）ではなく、他の生物との関わりで生態的に必要な物質、例えば、花の色や香り、抗菌成分などを生産する代謝である。松脂がテレピン油としても利用されるように、一般に、ハーブや生薬の有効成分のほとんどが二次代謝産物である。

◉——菌根　痩せ地で生きる植物と菌類の共生

かつての里山は、落ち葉掻き、柴刈りによって、土壌に蓄積するはずの栄養分が持ち去られていたので、チッソやリンなどの乏しい状態にあった。このような貧栄養の環境下でも、里山の生

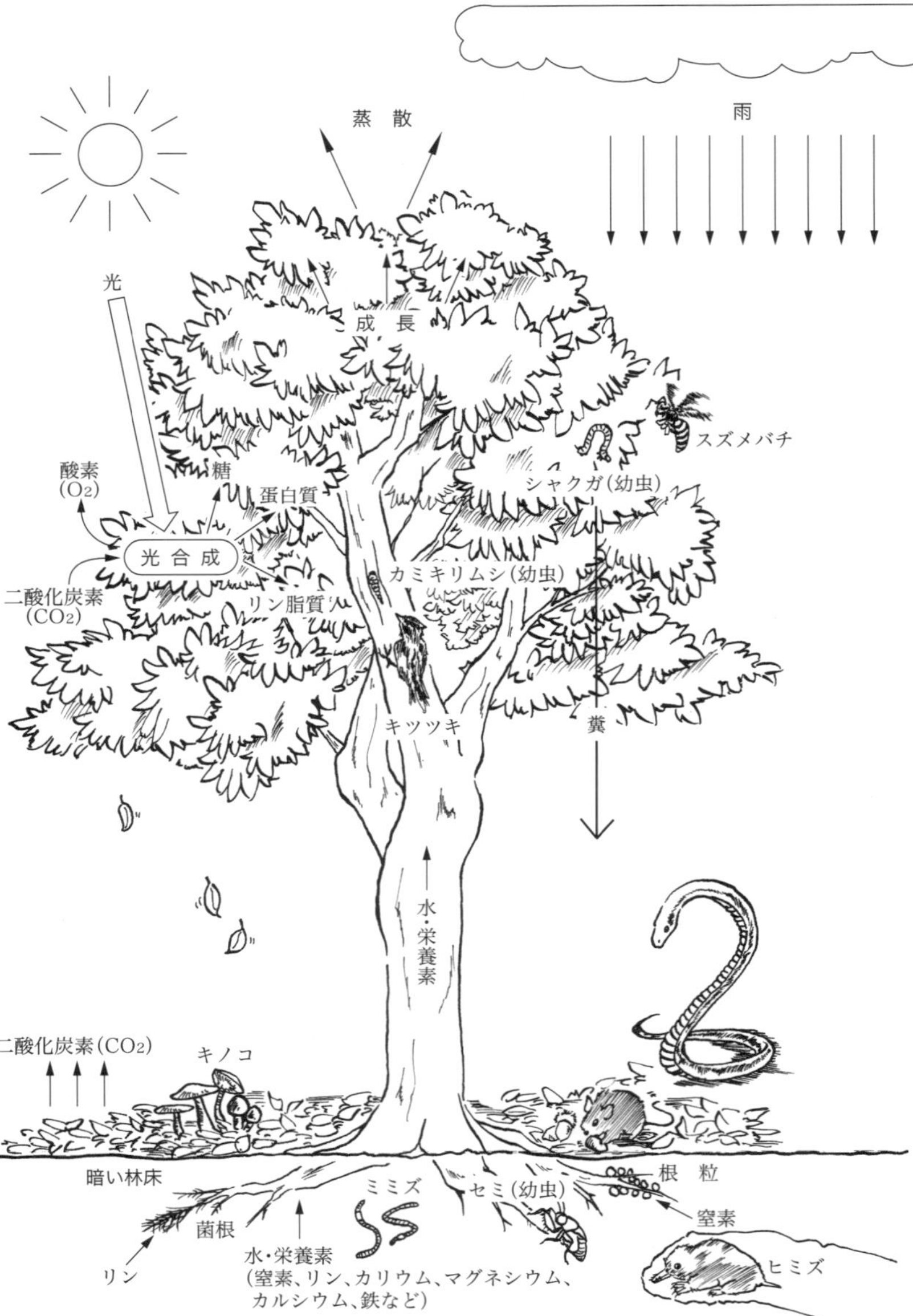
蒸　散
雨
光
成　長
スズメバチ
シャクガ（幼虫）
酸素
(O_2)
糖
蛋白質
光 合 成
二酸化炭素
(CO_2)
リン脂質
カミキリムシ（幼虫）
キツツキ
糞
水・栄養素
二酸化炭素(CO_2)
キノコ
暗い林床
ミミズ
セミ（幼虫）
根　粒
菌根
窒素
リン
水・栄養素
（窒素、リン、カリウム、マグネシウム、
カルシウム、鉄など）
ヒミズ

のしくみ（原図・市野）

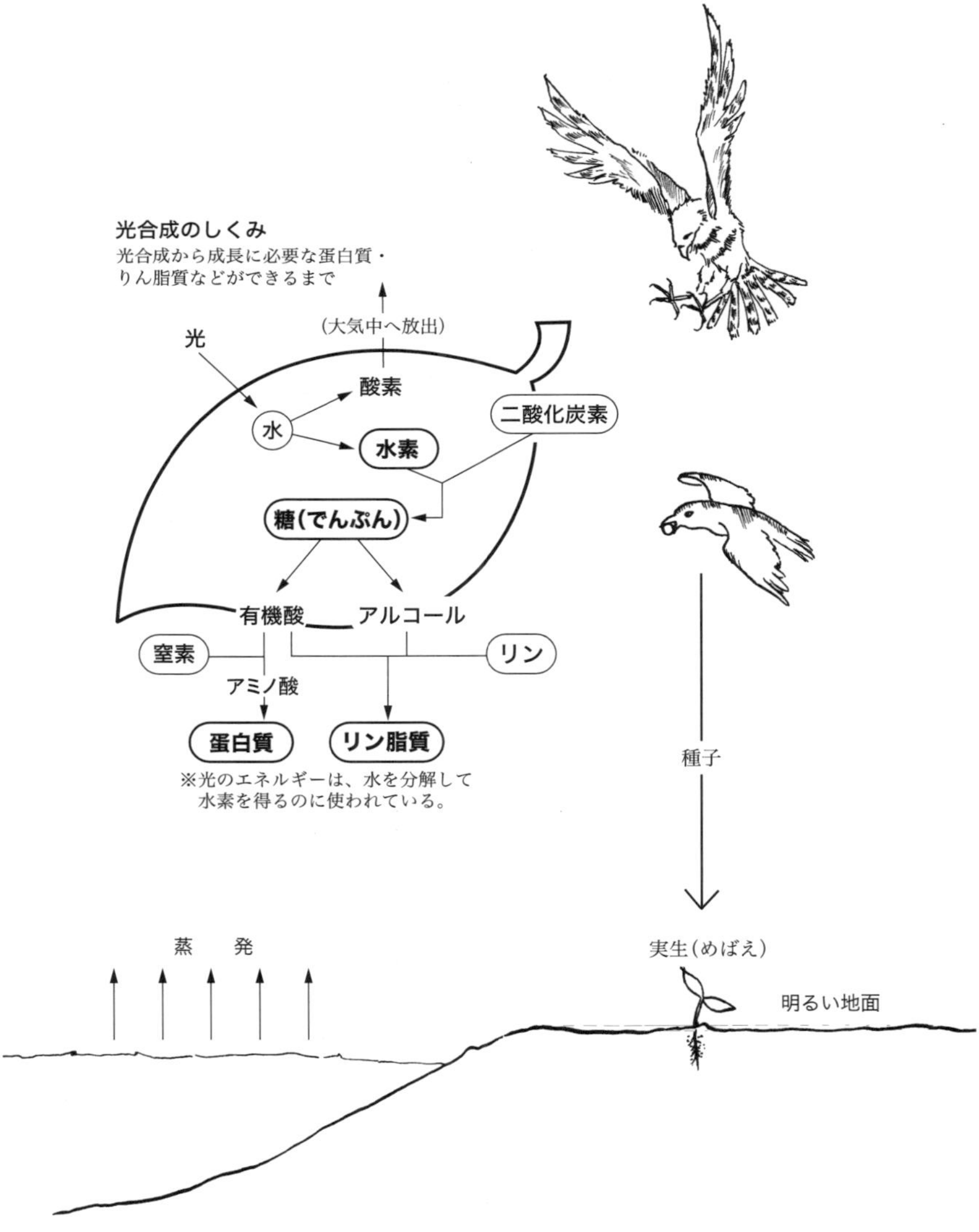

光合成のしくみ
光合成から成長に必要な蛋白質・
りん脂質などができるまで
(大気中へ放出)
光
酸素
水
水素
二酸化炭素
糖(でんぷん)
有機酸
アルコール
窒素
リン
アミノ酸
蛋白質
リン脂質
※光のエネルギーは、水を分解して
水素を得るのに使われている。
種子
蒸　発
実生(めばえ)
明るい地面

図2　生きている森

態系は健全さを保っていた。その秘密の一つは、菌根と呼ばれる植物の根に菌類が共生する現象にある。植物の根と共生関係を結ぶ菌根菌と呼ばれる菌類は、植物の根毛よりはるかに細い菌糸を土壌中に張り巡らせて、土壌中にわずかに含まれる水に溶けにくいリンを溶かし出して吸収し、菌根を通じて植物に供給する。一方植物の方は、光合成産物である糖を、菌根菌に与える。植物は、光合成によって糖を自力で造ることは容易だが、細胞膜の主成分であるリン脂質や、リンを含む遺伝物質（核酸）を造ることができなければ、糖がいくらあっても細胞を増やして成長することはできない。そこで、光合成産物の一部を菌類に与えるという代償を払って、リン脂質などの原料となるリンをもらうのである。菌根菌の方は、植物から糖を受け取って、成長し、梅雨またたは、秋冷の頃、キノコ（茸）という「花」を咲かせる。マツタケ菌はアカマツの根に菌根を作る菌の一つである。豊橋近郊の里山でも一九六〇年頃までは、マツタケは豊富に採れたが、落ち葉掻きが行われなくなって約四十年が経過し、この間に発生した松枯れによってアカマツの林が消滅し、マツタケの便りを聞くことは無くなった。なお、富士山などの痩せた火山灰地における最近の研究によれば、松類と菌根を作って共生する放線菌の一種はチッソを供給する働きをもしているらしい。

◉——松枯れの原因は？

マツが枯れたのは、センチュウ病の病原であるマツノザイセンチュウを媒介するマツノマダラカミキリが大量発生したことが原因とされ、殺虫剤の空中撒布や殺センチュウ剤の使用という対症療法が繰り返されてきた。なぜこのような病気が蔓延するに至ったかという、真の原因究明は農林関係機関（研究者を含む）によって意図的にうやむやにされたように思われる。

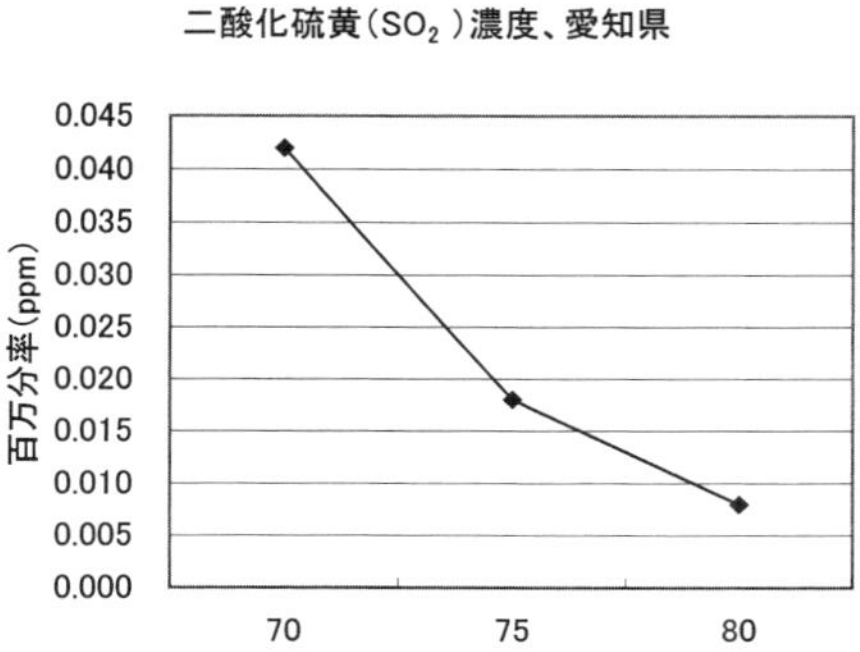

図３　大気中の二酸化硫黄濃度
（愛知県の測定点の単純年平均値、愛知県資料）

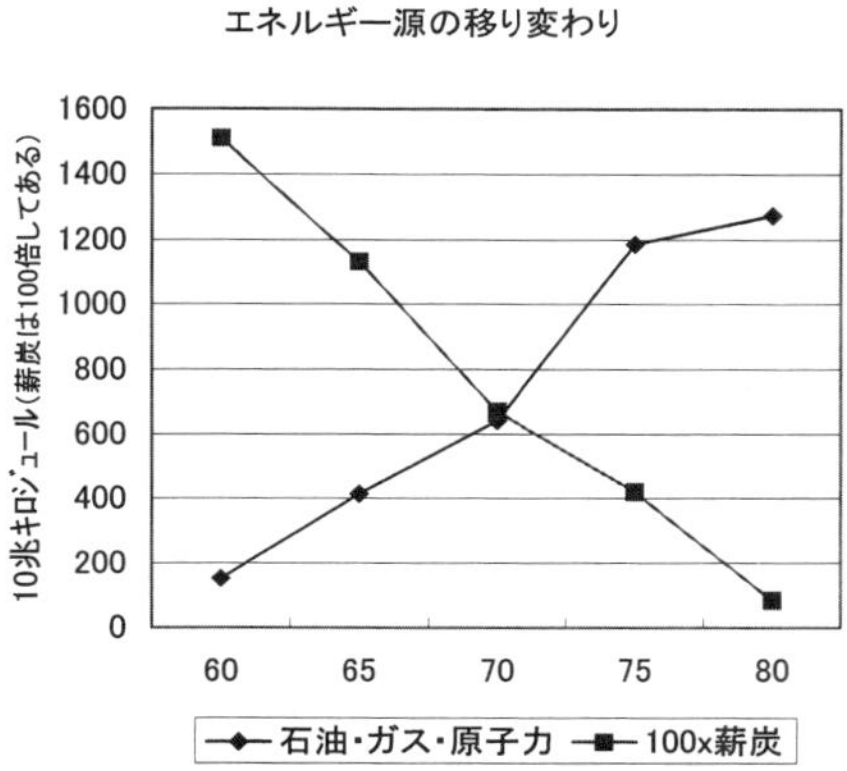

図４　エネルギー源の移り変わり（日本）
薪炭の減少と化石燃料の増大
（日本国勢図会）

一九七〇年代から西日本のアカマツ林の枯死が広がった。それに先立つ六〇年代の高度経済成長期には、酸性雨や大気汚染が進んでいた。また、薪炭から石油へと燃料転換が進むとともに、里山の落ち葉を使った堆肥から化学肥料への転換も進んだ。農村から働き手の多くが都会に流出し、里山の管理がなされなくなった。四日市コンビナートの排煙が人の命を奪う事件が起きた頃、一九六〇年代末から七〇年代初め頃の東海地方平野部の大気中二酸化イオウ濃度は現在よりも十倍も高く、大気汚染に弱い植物が弱って枯れても不思議ではない状態であった。四日市の公害訴訟を経て、工場排煙や自動車の排ガス対策・公害対策が進められ、二酸化イオウの濃度は急減したが、マツ林は回復しなかった。回復しなかった原因は、里山の管理が放置されたためであり、里山を含めた農山村の生態系や景観をどのように管理していくべきかについて、日本の社会がこの間まったく無関心であったことにあると言って間違いないだろう。

◉──コバノミツバツツジ（モチツツジ、ヤマツツジ）

柴刈り、落ち葉掻きの行われていたマツ林の林床は明るく、ツツジ科の低木類が豊富に生えていた。一九六〇年頃まで東海地方のどこでもこのようなマツ林が見られたが、現在はこのような手入れされたマツ林がほとんどなくなり、スギ、ヒノキなどの植林に置き換えられるか、シイ、カシなどの常緑樹の林にかわりつつある。かつて、ツツジ科の低木が多く見られた場所には、暗いところでも耐えられるツバキ科のヒサカキなどが目立つようになって久しい。

かつてのアカマツ林には、新葉を出す前に咲くコバノミツバツツジ、葉の展開と同時に咲くモチツツジやヤマツツジが豊富だった。コバノミツバツツジは伊勢・三河湾周辺から瀬戸内海周辺にかけて分布するミツバツツジの一種で、三月末から四月初め、葉を広げる前に、薄桃色の花でアカマツ林の林床を彩った。少し遅れて四月中旬から五月にかけ、紫色のモチツツジと紅色のヤマツツジが開花した。両者の雑種はミヤコツツジと呼ばれる。

なお、一九八九年に愛知大学名古屋校舎が三好町の丘陵地に開設されたが、当時は周囲の林にこれらのツツジが豊富だった。アカマツがほとんど枯れて、いわゆる雑木に置き換わってきたことと、大学の敷地になってから放任されているので、林床が暗くなり、これらのツツジ類は消滅しかかっている。マツ林の住人たちは、里山で里人と共に生きてきた種であり、人々の生活が変わって、以前のように旺盛に繁殖できなくなってきた。

◉——シャシャンボ

また、アカマツ林には、ツツジのような目立つ花はつけないが、赤、青紫または黒色の甘酸っぱい液果をつけるウスノキ、スノキ、ナツハゼ、シャシャンボなどの低木が普通に見られた。これらもツツジ科に属するもので、やせ地に育つ代表的な植物と言っていいだろう。旧本館前のロータリーと哲学の森に、樹齢を重ねたシャシャンボがあり、かつてのアカマツ林の片鱗をうかがわせる。ウスノキ、スノキ、ナツハゼは落葉性であるが、シャシャンボは「照葉樹林帯のブルーベリー」とも呼べる常緑の低木である。梅雨の終わり頃、ドウダンツツジの花を一回り小さく、か

ヨーロッパの荒地、ヒース

ツツジ（エリカ）科の低木が茂る荒地というと、ヨーロッパのヒースを思い浮かべる。ヒースは森林破壊に続いてヒツジの放牧が行われ、ヒツジが嫌って食べないのではびこった低木群落が広がった荒地である。ヒースとひとまとめに呼んでも場所によって多様であるが、筆者が訪ねたデンマークのユトランド中部では、五十センチメートルほどの背丈のカルーナがもっとも優占している。丈がもっと低いコケモモとアークトスタフィロスは、直径七ミリメートルほどの赤い果実、葉の形ともによく似ていて見分けるのに苦労する。ツガに似た細い葉をつけるガンコウラン（ガンコウラン科）は、コケモモと同じくらいの大きさの黒色の果実を実らせる。この四種の低木が密生した藪がどこまでも広がっている。カルーナは夏の終わり頃花期を迎え、ヒース全体を赤紫色に彩るとともに香り高い蜂蜜の恵みをもたらす。コケモモ、アークトスタフィロス、ガンコウランの小さな果実は、晩秋に人々に摘まれて、それぞれの家庭で赤や黒のジャムとなる。荒地の小さな果実は、西洋でも東洋でも人々に親しまれてきた。ヒースは「不毛の荒野」と呼ばれるが、それなりの恵みもあり、小鳥を含む小動物にとっても貴重な冬越しの糧を供給している。

つスリムにしたような白い花が下向きに並んだ花序をつけ、基部の方から先端に向かって順に咲き上っていく。秋の松林で子供たちが小さな果実を摘んで遊んだのを憶えているのは、私たちの世代が最後になるのだろうか。

ドウダンツツジの花

◉——サツキ　渓流を彩るツツジ

ツツジの仲間のうち、もっとも遅く五月末から六月にかけて開花するのがサツキである。原種は渓流の岸辺の岩場で、洪水時には水中に没する場所に生育する。梅雨の時期、豊川上流の三河山地を流れる渓流、寒狭川の渓谷で、岩の割れ目に根を張って、岸辺を彩っている。洪水流を被る場所に生育する数少ない植物種の一つである。常緑で硬い葉は小さく、粗い毛を密生していて、砂礫を含む激流に洗われても傷つかないように防御を固めている。原種の花は紅紫色であるが、栽培品種として多くの色変わりや八重咲きのものがある。

第二章　雑木林の樹木

◉――薪炭林　周期的伐採による萌芽再生林

かつて、高師原および近辺では、台地上や尾根筋のやせ地にはマツ林が成立していたが、沢筋の土壌の肥えた場所にはコナラやアベマキを主とするいわゆる雑木林も見られた。伐採後の切り株から容易に萌芽再生するので、二十年程度の周期で伐採され、材は薪炭として、落ち葉は堆肥に、下草は家畜の飼料に刈り取られて利用された。マツ林と同様に、人々によって利用され、維持されてきた林である。

◉――コナラ、アベマキ、クヌギ

キャンパスに現存するコナラとアベマキは、庭園に植栽するような樹種ではないので、旧軍施設時代に植えられたものではなく、大学時代になってから持ちこまれたものだろう。短大門内側のロータリーに三本のコナラがアカマツと背を比べるように育っている。シロスジカミキリなどが樹皮をかじると、そこから樹液を分泌する。糖分が発酵するので、樹液は炭酸ガスで泡立ち、

コナラの樹液に集まるカナブン

アルコールの甘い香りを発散する。夏の間、カナブン、カブトムシ、クワガタなどの甲虫、スズメバチ、ゴマダラチョウやジャノメチョウ、夜行性のスズメガなども香りに誘われて樹液に寄ってくる。樹液を昆虫たちに提供する代表的な木がコナラである。

アベマキは、哲学の森のほぼ真中に、大きく成長している。この種は、コバノミツバツツジとよく似た分布をしており、東海から瀬戸内地域に多い。天竜川を超えて東に向かうとめったに見られない。アベマキは関東平野に多いクヌギとよく似ているが、無毛のクヌギとは違って、葉裏に綿毛を密生しているので、風にそよぐ葉裏は銀白色に見える。クヌギと比べてやや縦長の大きな堅果（ドングリ）は、九月の下旬には熟し、地面に落ちるとすぐ発芽する。その樹皮のコルク層は数センチにも達し、かつてコルク材料として利用された。

◉——モンゴリナラとミズナラ

ナラ（楢）類、すなわちブナ科コナラ属コナラ亜属は、北半球の温帯域に広く分布しており、日本列島の暖温帯域にはコナラ、アベマキ、クヌギ、ナラガシワが、冷温帯域にはカシワ、ミズナラ（オオナラ）が分布する。他に、モンゴリナラがある。これらは東アジアに共通の種が多い。

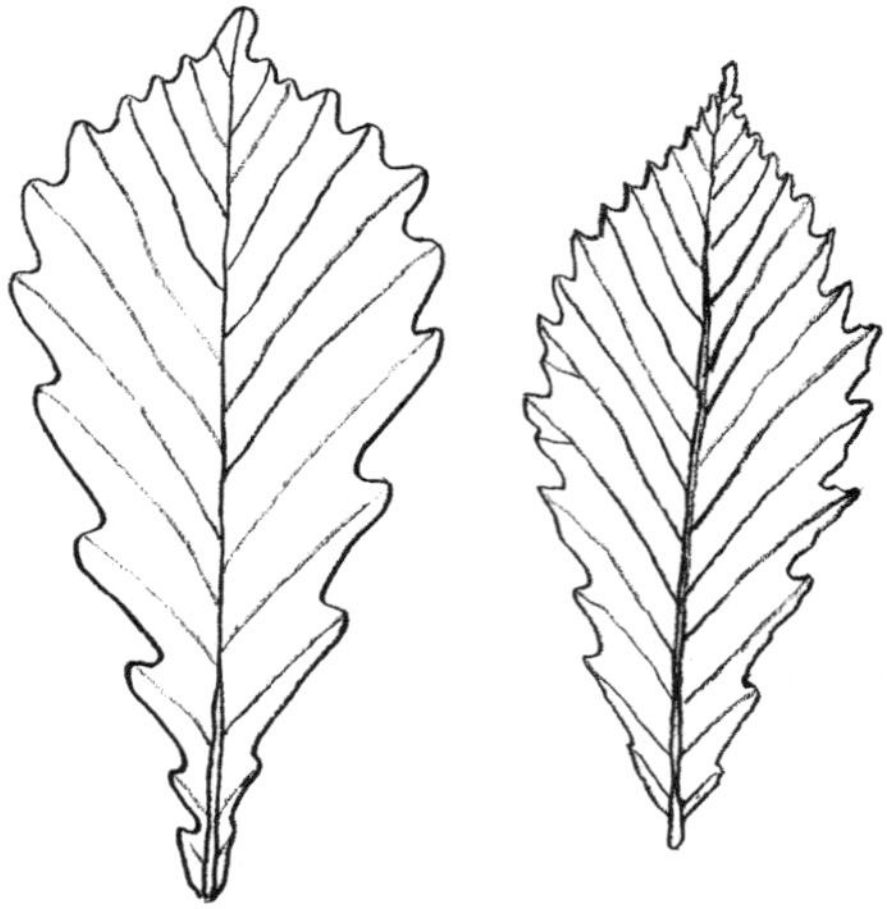

図５　ミズナラとモンゴリナラの葉の比較（原図・市野）

モンゴリナラとミズナラは、同じ種内の変種の関係にあるとされてきたが、近年では別種であるとする説もだされている。最近、著者はウラジオストクの森林を訪れる機会があり、そこで旺盛にモンゴリナラが生育しているのを見てきた。葉とドングリのお皿（殻斗）ともに形がミズナラとは明瞭な違いがある。日本列島にモンゴリナラが分布するか否かをめぐって、日本の研究者の間で意見の対立がある。筆者がウラジオストクで採集してきた試料と比較をしてみると、万博の会場問題で揺れた「海上の森」から東濃にかけて分布する「モンゴリナラ」は、短い葉柄があり、葉脈の本数が多い点はミズナラと共通であるが、葉先が広い葉形であること、殻斗の鱗片のふくらみが顕著なことは、沿海州のモンゴリナラと似ていることがわかった。したがって、現在の段階では、東海地域の「モンゴリナラ」をミズナラともモンゴリナラとも決めがたい状況である。

◉——ヤマザクラ、カスミザクラ（ソメイヨシノ）

春の東海地域の里山で最初に咲くサクラは、エドヒガンで、咲き始めは淡い桃色であるが咲き

図6　サクラの葉の比較、カスミザクラとソメイヨシノ（原図・市野）

終わる頃にはいくぶんくすんだ白色となる。花が終わるころ鮮緑色の葉が伸びてくる。続いてヤマザクラの開花と同時に紅い新葉の展開も始まる。エドヒガンに比べて花に新葉の色も加わるのでにぎやかである。少し標高の高い山地では、ヤマザクラの花が終わる頃、カスミザクラが純白の花を緑色の葉と同時に開く。カスミザクラはヤマザクラのような紅色をほとんど帯びない。里では、ヤマザクラよりほんの少し早めにソメイヨシノが開花する。ソメイヨシノはエドヒガンとオオシマザクラの交雑によって生まれたとされている。オオシマザクラは伊豆半島から伊豆諸島に分布し、カスミザクラに似て花と葉は同時に展開し、花は白色、葉は緑色でいずれも大きい。桜餅を包む塩漬けの葉は、オオシマザクラのものが使われる。五月には小さな果実（さくらんぼ）が熟し、ヒヨドリやムクドリが種子撒布をする。

◉――シデコブシ、ハナノキ、ヒトツバタゴ

植物地理学の分野で、故前川文夫博士が美濃三河要素と名づけ、近年では東海丘陵要素あるいは周伊勢湾要素と呼ばれる植物群に属するものにシデコブシがある。神事に使われる御幣（シデ）に似た花をつけるので、このような名が付けられたが、東海地方（愛知、岐阜、三重、長野県の一部地域）および兵庫県にのみ分布が限られている種である。愛知県内では、東濃に接する愛岐丘陵と渥美半島に自生している。生育場所は、丘陵地の湿地に接した湧水のある斜面である。分布の中心は東濃地域で、四月の開花期に東濃の里山を訪れると、ここかしこに自生株があることに気がつく。根元から萌芽する性質が強く、伐採や下刈りという人手が加わった環境で生き延びてきたたくましさも備えているようだ。モクレン属は、その大きくて美しい花と、芳香によって、世界的に園芸需要があるが、低木性で花弁の数が多いシデコブシは、さまざまな園芸種の母種として利用されている。

なお、カエデ科の落葉高木であるハナノキも、愛知、長野、岐阜三県の限られた地域にのみ自生し、シデコブシに分布が似ている。春先、葉が開く前に、渋い紅紫色の小花を細かい枝一面につけた様子は、派手さはないが落ち着いた美しさがある。

また、ヒトツバタゴ（雌雄異株のモクセイ科落葉高木）は、大陸や対馬に分布するが、日本本

土ではハナノキやシデコブシの分布域とだいたい重なる地域に分布が限られている点で、興味を引かれている。五月の連休のころ、真っ白な小花が樹冠を覆うように咲くのは、見事である。別名は、ナンジャモンジャ。

◉――コブシとタムシバ

関東以北では、平地の雑木林中にコブシはありふれているが、東海地方では見られない。鳳来寺山など三河山地の早春を彩るコブシに似た木は、タムシバである。花が終わって葉が展開したところを見れば、両者の違いは明瞭だ。タムシバの葉は、質の薄い、先の尖った細長い形をしており、コブシの葉のような分厚い丸みのあるものではない。東海地方では、山地にタムシバ、南部の丘陵地にシデコブシが分布している。

◉――エノキ、ケヤキ、ムクノキ、アキニレ（ニレ科）

アキニレはその名のとおり、秋に開花するが、エノキ、ケヤキ、ムクノキは、いずれも春、小さな薄緑色の目立たない花を枝先に密生開花する。秋に熟す果実はさまざまな小鳥が好んでついばむ。ケヤキとムクノキの紅葉（黄葉）は見事であるが、エノキがきれいに黄葉するのを見たことがない。ところがエノキの落ち葉の堆積中に、あの美しい蝶、オオムラサキやゴマダラチョウの幼虫が越冬するのだ。残念ながら、大学構内では、掃除が行き届いているために越冬できず、美しい蝶々の舞を見ることはない。エノキやムクノキは、東海地方では二次林や屋敷林にごく普通に見られる。ムクノキの硬い葉は、木工家具・器具の仕上げの研磨に使われてきた。一方、ケヤキは関東地方では屋敷林に普通に出現するが、夏の高温と乾燥の程度が著しい東海地方では土壌水分の十分な河畔や山地の谷筋に生育している。ケヤキは材が美しいので、建築や家具に好んで使われる。

なお、「朴」の字は中国ではエノキを意味する。日本ではホオノキに当てているが、両者とも、灰白色の滑らかな樹皮である点が似ているので、間違われたのだろう。

エノキの新葉

◉——アカメガシワ

大きな葉を持っているので、「カシワ」という名前がついているが、ブナ科のカシワとは縁がなく、トウダイグサ科の落葉高木である。明るい雑木林に普通にみられる成長の早い木で、梅雨明けのころに黄色の小さな花を穂状につける。花はよい香りがし、ミツバチを引きつける。

◉——ネムノキ

雑木林の縁や谷地田の土手などに見られる。アカメガシワと同じ七月中下旬頃、花を開く。多数の長い花糸（先端におしべをつける器官）が淡紫色をしており、これが繊細な花びらに見える。夕方になると葉を閉じることからこの名前がついたが、インゲンなどマメ科の植物でよく見られる就眠運動で、夕方が近づくと葉を閉じ、朝は暗いうちに葉を開いて太陽が昇るのを待っている。葉枕と呼ばれる小葉の付け根部位で、細胞内の圧力（水圧）が日周的に変化することによるが、その意味はよく判っていない。夜行性のコガネムシなどの食害を防ぐ効果があるのだろうか？

第三章　常緑広葉樹林（照葉樹林）とその構成種

西南日本低地の元々の自然植生（一次植生）は、ブナ科のシイ類やカシ類、クスノキ科のタブノキなどを主な構成種とする樹高三十メートルに達する常緑広葉樹林である。これらの木々は、クチクラと呼ばれる蝋状の物質でできた葉面の保護層が厚く、陽光を受けてきらきら輝くことから照葉樹林とも呼ばれる。東海地方では、これらの林の大半が、人間活動のもっとも活発な場所と一致したため、強い人為干渉を受けて、ほとんど原型を残さないところまで失われた。一次植生とは異なるマツ林や雑木林のような二次植生に変わったり、自然植生がまったく破壊されて人工林、農耕地や市街地などに置き換わってしまった。そのため、発達した照葉樹林は、信仰の対象として保全されてきた社寺林などに、わずかにその片鱗が見られるだけである。

なお、先に述べたように、里山が利用されずに放置されるようになってから四十年近く経過した現在、かつてコナラなどの落葉樹が占めていた雑木林が、ツブラジイを主とした常緑樹林に移り変わりつつある。五月の初め頃、里山を眺めてみると、花をつけたシイの黄色い樹冠が相当な面積を占めるようになってきたことがわかる。このまま、放置して天然の照葉樹林に近づけていくのがよいか、管理しながら里山を利用していく方向で工夫をするべきなのか、知恵を絞ること

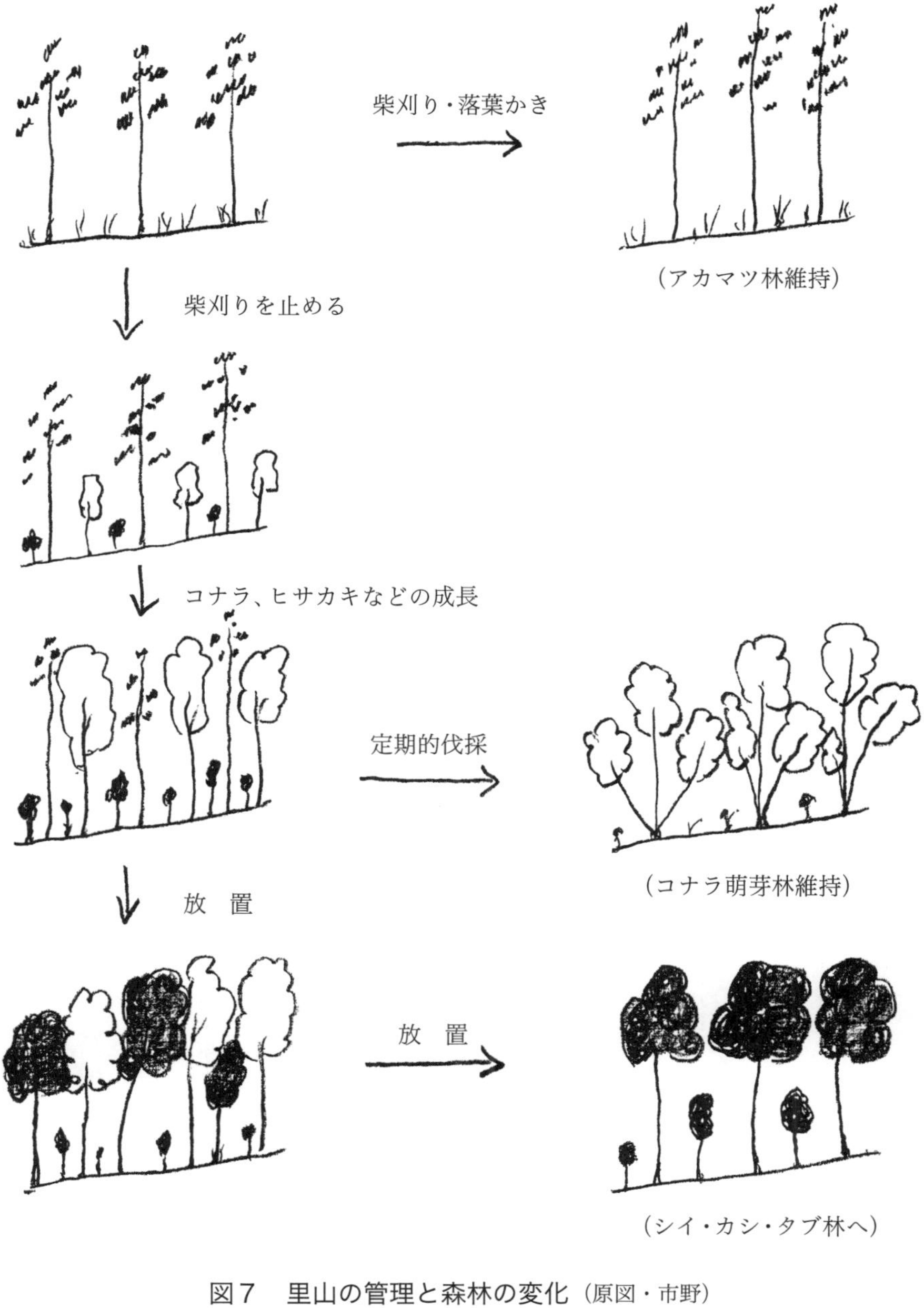

図７　里山の管理と森林の変化（原図・市野）

が必要な時期をむかえている。

◉――スダジイ、ツブラジイ

日本列島に分布するシイのなかまは、スダジイとツブラジイの二種である。ブナ科の中で、風媒花をつけるブナ属やコナラ属とは異なり、虫媒花をつける。シイ類はクリ属（カスタニア）に似ているということから、クリガシ属（カスタノプシス）と名づけられている。東海地方では、ちょうど梅雨に入る六月の初め頃、クリが強い香りを発散させて開花するが、シイは、それよりほぼ一ヵ月前の四月末から五月初めにクリによく似た、むせ返るような強い香りを放って開花する。東海地方では、およそ標高五百メートル以下に分布している。海岸地域にはスダジイが分布するが、山地に分布するのはほとんどがツブラジイである。どちらも開花期は四月下旬から五月上旬で、低地のものから咲き始め、山地の中腹へと咲き上っていく。花期が重なっているので両者が接している地域では交雑が行われ、中間的な形質を示す個体がみられる。春に咲いた雌花は、受粉後成長しないでそのまま休眠してしまう。この仕組みは未だよくわかってはいないが、翌年の春も過ぎてから成長をはじめ、二年目の秋に熟す。スダジイは、ほぼ毎年開花結実するので、夏季の樹冠では、大きく育ってきた二年目の果実がついた果序と、当年の小さな未熟果序の双方を同時に観察することができる。三河山地に自生するツブラジイを観察してみると、毎年開花はするが、果実の方は、通常は二年に一度しか実らない。
子葉にデンプン質を貯めこんだ種子は、渋みが無く、炒って食べると結構美味しいものである。東三河の里山では、ヤマガラやカケスがついばみ、ニホンザルもシイが実る頃、樹冠の枝を折り取って食い散らかしていくのを見かけることがある。この美味しい種子を食べる昆虫の代表が、クリゾウムシである。熟したシイの果実が地面に落ちると、じきに硬い果皮に直径二ミリメートルほどの小さな孔を開けて這い出してくる。果皮に開けた孔の大きさと出てきた虫の大きさとを比べてみると、不釣合いなほど虫の方が大きい。孔の大きさは、ちょうど硬い頭の部分が抜けられるだけの寸法になっていて、弾力に富む胴体の方は、孔を抜ける瞬間だけその部分が細くなるのである。這い出た幼虫は、落ち葉の下に潜り込んで越冬し、蛹になる。こ

ツブラジイの果序（８月初旬）
生育しないで休眠状態の当年の果序と、ふくらんできた昨年の果序。
花が咲いた翌年の秋に熟す。

図８　ツブラジイ（クリガシ属）の当年と２年目の果序（原図・市野）

図９　ツブラジイの果実と出てきたクリゾウムシ（原図・市野）

のクリゾウムシの幼虫は、「クリムシ」と呼ばれて川魚の絶好の釣り餌として流通している。

◉――スダジイとツブラジイ（コジイ）の違い

先にモンゴリナラとミズナラの関係が問題になっていることを述べたが、スダジイとツブラジイの関係についても、十分な理解がなされていないところがあった。スダジイのみ、あるいはツブラジイのみが分布している地域で採取した試料を比較すれば、両者間の形質に明瞭な差異がみられるが、両者が接して存在する地域では、形質にはっきりとした区分がみられなくなるのである。一例として、果実の形態をグラフ上で比較してみたのが図10である。分布が重なっていない地域のデータを線で囲んで示してあるので両者が不連続であることが判る。ところが両者が並存している地域も含めて、データを積み上げると、不連続性は消えてしまうのである。これまで、両者およびその雑種を区分するのは、樹形、樹皮、果実、葉の形態などを総合して、行われていたが、葉の表皮組織の違いが指標となるという報告が出されて、形態面での区分はかなり明瞭になった。すなわち、葉の表面側の表皮組織が一細胞層でできているのがツブラジイ、二細胞層でできているのがスダジイ、両者の雑種は一細胞層と二細胞層の部分が入り混じっていることが明らかにされた（Kobayashi & Hiroki, 1998)。

また、生態的な面からの検討によっても、両者の差異は明確にされてきた。スダジイは秋に落

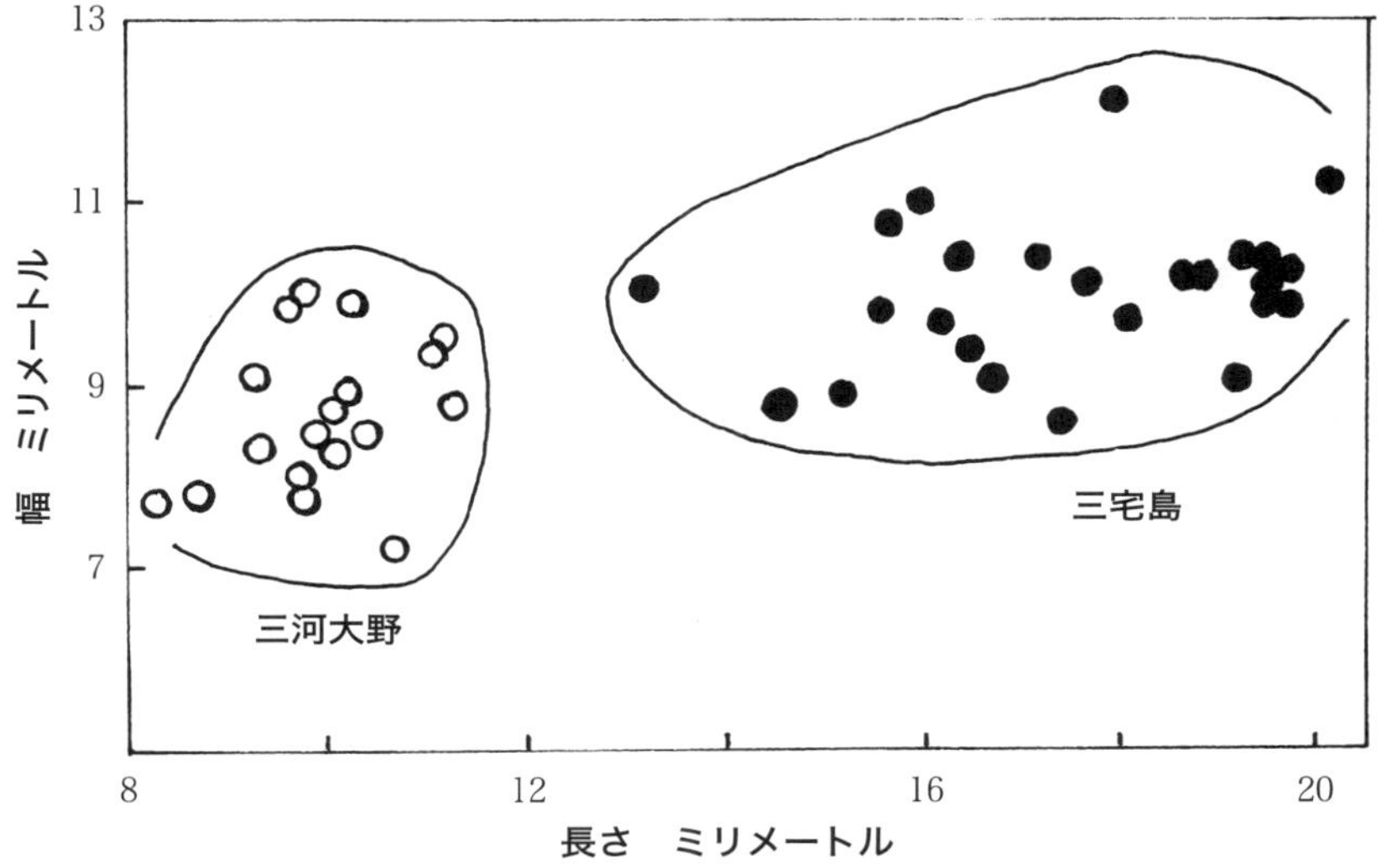

図10　ツブラジイとスダジイの果実の形態比較（広木・市野、1991による）

果すると、条件がよければ、すぐに発芽（正確には発根）して、落葉層から地中へ根（下胚軸）を伸ばしていく。気温・地温の下がる冬季に成長はほとんど止まるが、春先になると地上器官となる上胚軸を伸ばし始め、初夏には一気に背丈を伸ばし、葉を広げていく。この時期には、地中の子葉には貯蔵デンプンが未だかなり残っている。いっぽう、ツブラジイは、落果時期そのものがスダジイに比べて遅く、落果後すぐにではなく春を待って発根し、子葉中の貯蔵栄養分を下胚軸・直根に送り込む。そして、六・七月の梅雨の時期には、地上部は落葉層から上に出ないで成長を止めたままでいる。つまり、地上へ顔を出す時期を秋口まで遅らせている。スダジイの発芽成長のパターンとは明瞭な違いが見られるのである。実はこの習性の違いが、生態的には大きな意味を持っているのではないかと筆者は推定している。著者らが三河山地のツブラジイの分布域で行った実験によれば、スダジイが地上部を伸ばし始めるこの時期に、

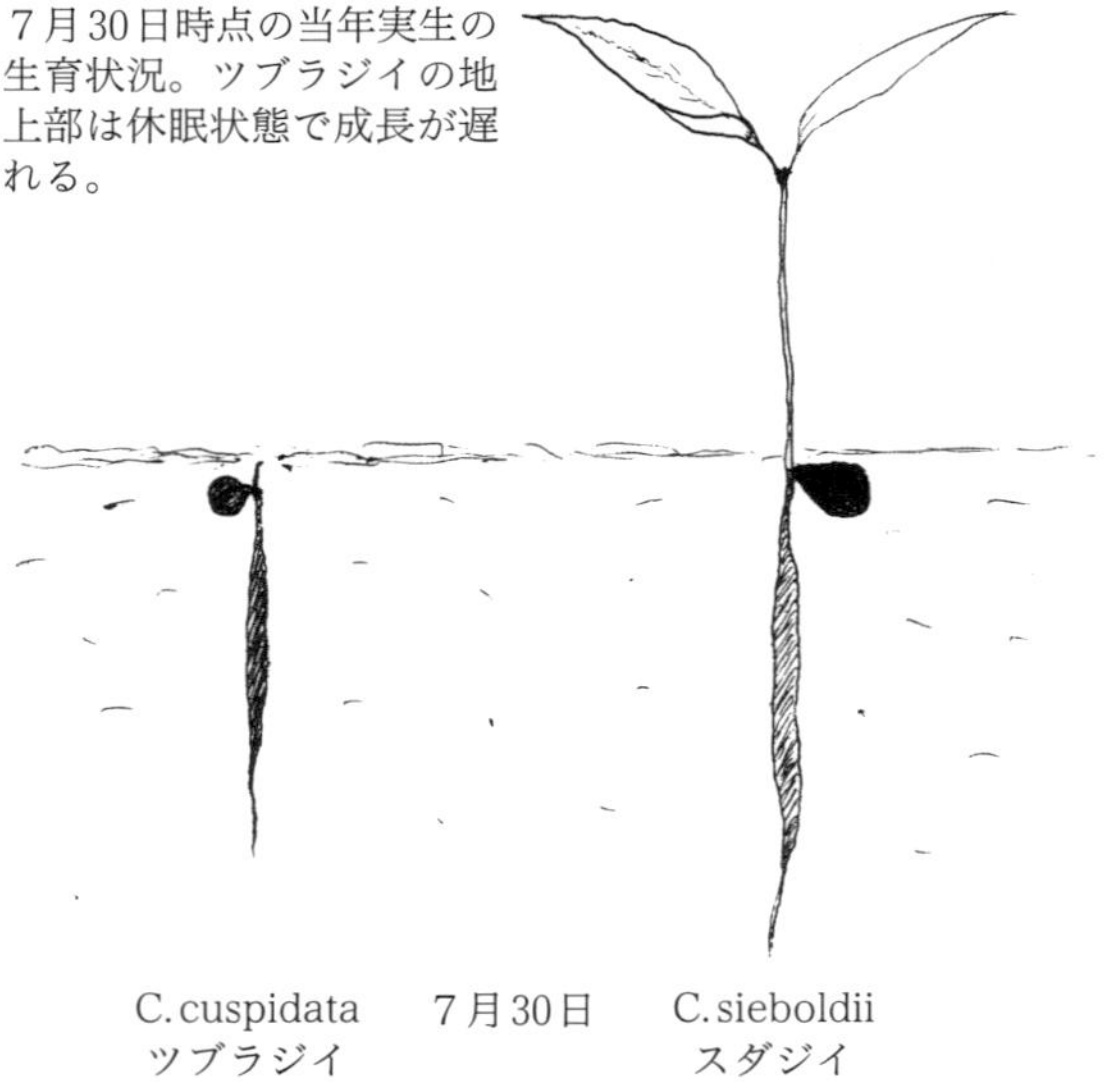

7月30日時点の当年実生の生育状況。ツブラジイの地上部は休眠状態で成長が遅れる。
C. cuspidata

図11　ツブラジイとスダジイの実生の成長の比較（市野、1991に基づく）

ネズミ類の食害を強く受けるのに対して、地上部を伸ばさないツブラジイは食害をほとんど受けない。照葉樹林の梅雨の時期は、森林内のネズミ類にとって食糧の少ない季節だろう。この時期にスダジイは無防備に自己の存在を明らかにして、ネズミに引きぬかれ、かじられてしまうのである。ツブラジイはそのような冒険を犯さないように習性を変えて成功したのではないか。裸地での実験では、スダジイは、ツブラジイに比べてはるかに成長が速いので競争に勝つ。初期成長が速いスダジイが造園に使われるので、植樹されるシイの大半はスダジイである。ところが、山地の自然林では、ツブラジイがスダジイよりも圧倒的に優勢である。

◉——マテバシイ

7月30日
C. sieboldii

マテバシイは、この地方のブナ科樹種の中でもっとも遅く六月中ごろ、甘い香りがする虫媒花を咲かせる。スダジイよりも大きな果実は、渋みは無く、炒って食べられるが、シイよりも大味である。現在、関東以西以南の暖地に街路樹などとして普通に植えられるが、自然分布は九州以南であると推定される。潮風に強いので、海岸の防風林にも使われている。マテバシイ属の分布の中心は東南アジアの熱帯山地林にある。熱帯林では、花粉を媒介するのに風を当てにできないので、運動能力の優れた動物の力を借りて花粉を媒介する方向に進化したものだろう。シイと同様に、果実は二年目に熟す。種実の成熟に二年を要するという性質は、冬の寒さが厳しくない、熱帯・亜熱帯を生活の場としている種に備わった性質であろうか。

◉――シラカシ、イチイガシ、アカガシ

図書館前の哲学の森と講堂の南側に大きなシラカシがある。それらよりはずっと若い株だが北側のグラウンド脇にも育ってきた。イチイガシは体育館の入口脇に聳え立っている。この木は体育館建設のおり、伐採される瀬戸際に立たされたが、体育館の設計変更によって生き残ることができた。アカガシが研究所棟の入口の脇に一本あるが、強剪定されて哀れな格好をしている。どこかもう少し広い場所で、思う存分成長させてやりたい木である。

ブナ科のコナラ属は、冷・暖温帯の風のある環境に適応していて、風媒花をつける。花びらは退化し、虫を呼ぶ香りもなく、雌花は有るか無きか目を凝らさないと見逃してしまいそうである。

多数の雄花をつけた雄花序は、風を捉えて花粉を散らしやすいように垂れ下がって風に揺れる。

コナラ属は、コナラ亜属（ナラ類）とアカガシ亜属（カシ類）とに二大区分される。コナラ亜属のほとんどが落葉樹だが、暖温帯域に分布するものの中に常緑性のものもある。一方アカガシ亜属はすべて常緑樹であり、冷温帯には分布しない。温帯の上部側にコナラ亜属が、下部側にアカガシ亜属が棲みわけをしていると考えていいだろう。また、暖温帯域でも冬の寒さの厳しい内陸や、乾燥の程度が強い地域では、落葉性のコナラ亜属のみ分布し、アカガシ亜属は出現しない。

カシ類（アカガシ亜属）は、ユーラシア大陸の東南部、ヒマラヤ、マレーシア、中国南部から日本列島までの地域にのみ分布している。マレーシア地域では標高の高い山地が棲息場所である。いわゆる照葉樹林帯を特徴付ける代表的なグループである。材はナラ類よりもさらに強靭で、さまざまな用途に使われてきた。例えば、イチイガシは船材として櫓に使われるため、櫓ガシとも呼ばれる。また材の色から名が付けられたアカガシは船材のほか、鉋の台などに好んで使われる。葉や種実は家畜の餌や食糧としても使われる。特にイチイガシの種子は渋みがほとんどなく、炒ってそのまま食べられる。東海地方では、他に、アラカシ、ツクバネガシ、ウラジロガシが分布している。

◉——カシとナラの区分は？

図12　アラカシの枝の葉序、らせん状の葉のつき方（原図・市野）

図13　カシ類（アカガシ亜属）とコナラ類（コナラ亜属）の殻斗の比較（原図・市野）

コナラ属の中で、カシとナラの亜属を分ける基準はドングリのお皿（殻斗）にある。お皿の表面の鱗片が、らせん状に配列しているものをコナラ亜属としてまとめ、同心円状に配列しているものをアカガシ亜属に区分している。ドングリのお皿は、植物学では殻斗と言い、シイやクリのイガと相同の器官である。殻斗は雌花、および受粉後に発育する種実を保護する器官として、茎と葉が変形してできたものと考えられている。木の葉のついたカシの枝を観察してみよう。枝先から根元に向かって、茎の軸を真中にして、葉柄がついている位置を描き込んでみると、それらがらせん状に配列していることがわかる。このような枝が圧縮、変形して殻斗が創られたものと考えられる。葉が小型化して鱗片となり、らせん状の配列がそのまま維持されているのがナラ類で、同心円状の配列に変わったものがカシ類である。したがって、ドングリのお皿の形質は、ナラ類の方がカシ類に比べて、先祖の原型に近いものと考えられ、カシ類の方が新しく派生してきたグループとみなされる。

なお、日本では昔から、ドングリをつける常緑樹をカシと呼んできたようである。たとえば、ウバメガシ、および地中海地方のコルクガシは、ともに常緑樹である。しかし、どちらも殻斗の鱗片配列はらせん状であり、植物分類の上ではナラのなかまである。

◉――ブナ科の中の風媒花と虫媒花

花に寄ってくる小さな羽虫の挙動を観察してみると、一番高い枝先や葉先まで上り詰めて飛び立つことが多い。クリ、シイおよびマテバシイの花序はいずれも上方に向かって突き出しており、蜜を吸って腹が満たされた虫たちは、十センチメートルほどある雄花序の先端まで上り詰めながら、花粉を全身につけて飛び立っていく。虫媒花をつけるブナ科のグループは花びらこそ発達させなかったが、樹冠一面に雄花序を密生開花させる。花粉の色で樹冠全体が黄色に色づき、強い香りで虫を引きつける。このように昆虫の習性を見事に利用する形に進化してきたものだろう。

これとは対照的に、風媒を選んだブナ、コナラ、カシのなかまの雄花序は、下向きに垂れ、風に揺れて花粉を飛ばしやすい構造をしている。

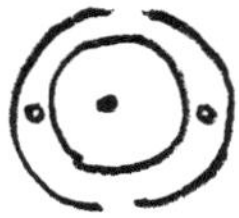

模式図

ツブラジイの殻斗。２片が合体して１個の殻斗ができている。果実は１個。

模式図

マレーシアの熱帯林で採取したクリガシ属の１種の殻斗は４片が合体している。果実は角張った形で３個。

図14　ツブラジイとマレーシアのクリガシの一種の殻斗と果実の比較（原図・市野）

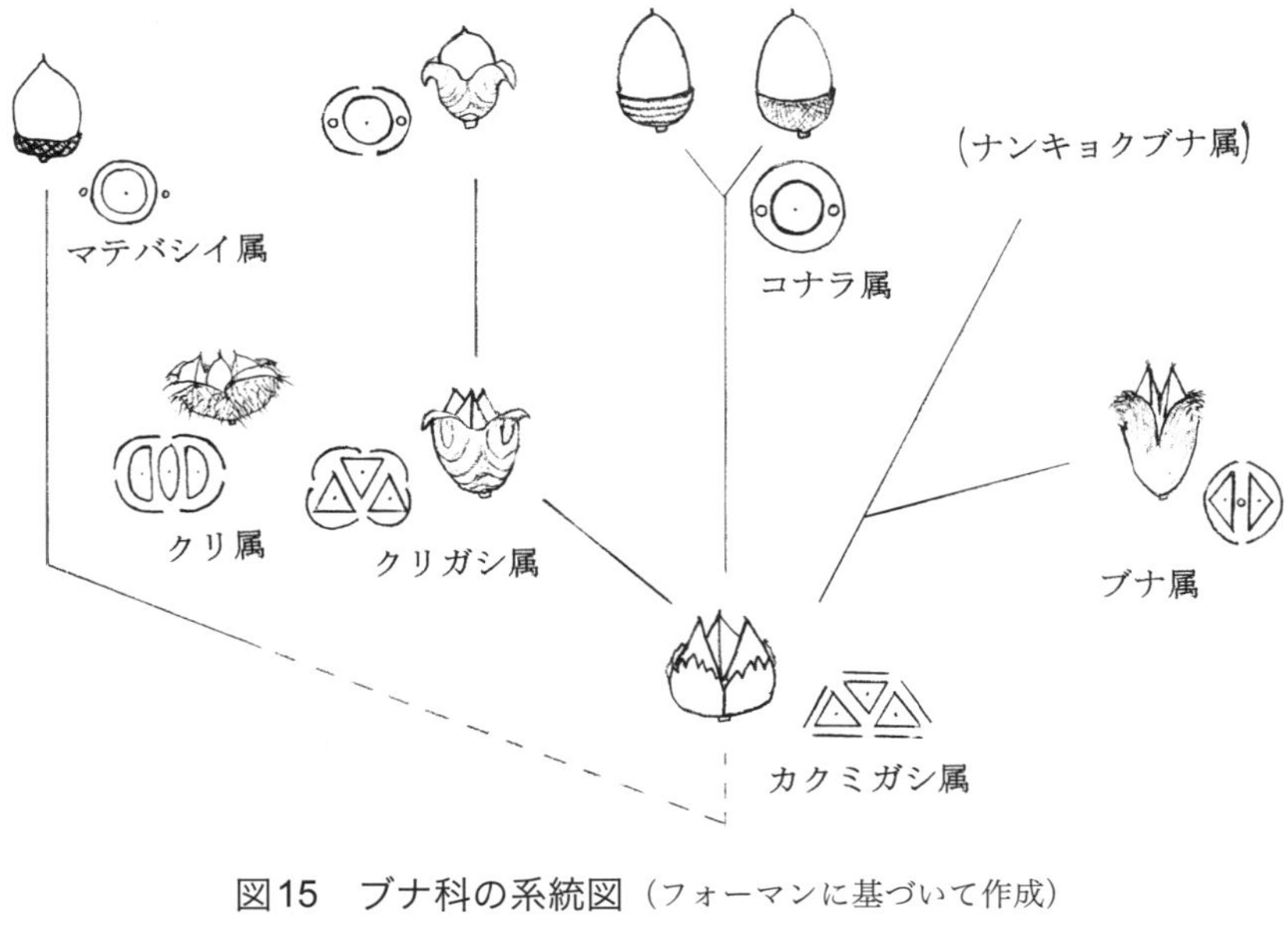

図15　ブナ科の系統図（フォーマンに基づいて作成）

クリの殻斗

ブナ科の先祖は、風媒花と虫媒花のいずれにも進化可能な性質を備えていたのだろう。ブルネイとの国境に接したマレーシア、サラワク州のムル山国立公園の熱帯多雨林で、偶然手に取って見ることができたシイのなかまと、日本産のツブラジイの殻斗・果実を比較してみたのが、図14である。マレーシアのものの殻斗は四片が集まって一つの袋構造をつくっており、殻斗の中に含まれる角張った果実の数は三個である。日本産のツブラジイの殻斗は二片が合体してできていて、一個の殻斗に含まれる果実は一つで丸型である。マレーシアやインドシナ地域の山地には、多くのブナ科植物が分布しており、イギリスのフォーマンは、それらの研究を通じて、ブナ科全体の系統樹をまとめあげた。その鍵となったのが、カクミガシという生きた化石のような植物の発見であり、殻斗と果実の構造の比較研究であった。この系統樹の考え方に沿って見ると、日ごろ見なれている四裂したクリの殻斗（イガ）の中から三個の堅果が顔をのぞかせているのは、ブナ科の中では、かなり原始的な、先祖に近い性質であるということになる。また、カシやナラなどは一殻斗一果実へと進化したものということになる。

◉――ヤマモモ

ヤマモモは、愛知大学豊橋キャンパスで、元気に育っている常緑高木の代表の一つである。暖かい気候ばかりでなく、土壌有機物に乏しい痩せた赤土の高師原がよく合っているのだろう。雌雄異株、四月中旬に咲く花は風媒で、雌花は見落としてしまいそうに地味である。種子は鳥によって撒布される。かつて、里山や屋敷林にヤマモモがある地域では、実の熟す梅雨の頃、子供たちが木に登って口を赤紫色に染めていたものである。ほのかな独特の香りがする甘酸っぱい果実は、直径十ミリメートルほどで、中に六ミリメートルほどの堅い殻に包まれた種子がある。ジャムや果実酒をつくると色が実に鮮やかなものができる。

なお、同属の種で、北半球の高緯度地方に分布するヤチヤナギは、ヤマモモのような高木ではなく、数十センチメートル程度の落葉低木で、湿原一面にブッシュをつくる。日本列島では渥美半島が南限で、湿地にわずかに点在し、氷河期の生き残り（レリック）の植物として知られている。葉に芳香があり、北方の自生地周辺ではリキュールの香りづけや衣類の虫除けに使われている。

◉──クスノキ、ヤブニッケイ、タブノキ（クスノキ科）

クスノキは、大学の森を代表する常緑高木で五月に開花する。緑色系統の多数の小さな花をつける花序は、香りで昆虫を引きつける。秋の終わりに直径六ミリメートルほどの汁液に富む果実が黒紫色に熟す。ヒヨドリ、ムクドリ、メジロ、ツグミ、シロハラなど小鳥たちの、越冬用食糧として貴重な役割を果たしている。毎年一月の初め頃までには、大方、食い尽くされてしまう。

痩せ地で生きる植物と細菌類の共生

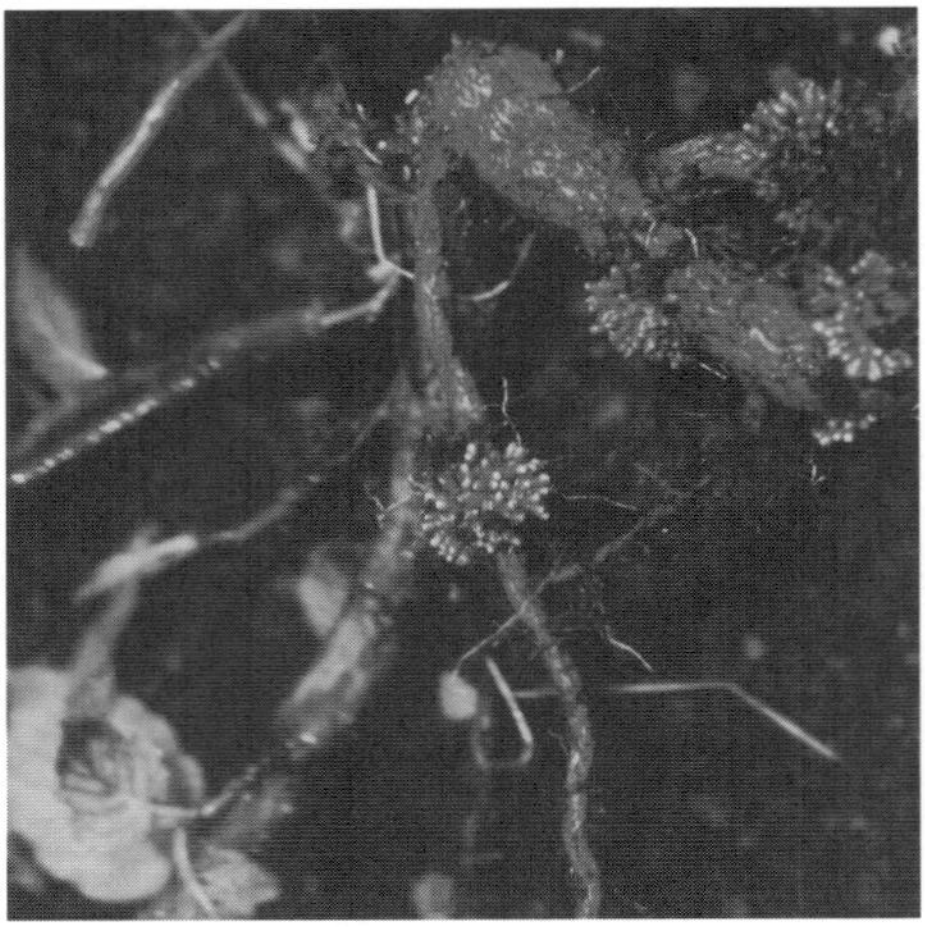

ミヤマハンノキの根粒

ヤマモモの根を掘ってみると、数ミリメートル程度の大きさの根粒がついている。マメ科植物と根粒細菌（リゾビウム）との共生体である丸みを帯びた根粒とは形が異なって、細長い。これは、放線菌、アクチノミケスのなかまがヤマモモの根に侵入し、共生関係を結んだもので、チッソ固定をすることが明らかにされている。自然の生態系の中では、植物の生育にとって一般にチッソやリンが不足している。とりわけ、尾根筋や新しい火山噴出物に覆われている場所など落ち葉（有機物）の供給が少ないところでは、地中に植物が利用可能なチッソやリンの蓄えが少ない。このような場所では、微生物と植物の共同が進むことが多い。ヤマモモが共生相手の放線菌を通じて手に入れたチッソは、ヤマモモの成長に必要なタンパク質の原料として使われ、さらに新芽を食う昆虫、果実をついばむ小鳥や土壌を肥やす落ち葉を通して、生態系の生物群集全体に供給されていく。もちろん、放線菌はヤマモモから光合成産物の糖の一部を受け取る。ヤマモモと同属のヤチヤナギも根粒をつけてチッソを稼ぎ、湿原生態系へ栄養供給する役割を担っている。

以上の他、ハンノキ属、グミ属など、ごく限られた植物グループのみが放線菌と共生関係を結んで根粒を形成する。他に、マメ科植物は根粒細菌、リゾビウムと根粒をつくって窒素固定をする。

葉、茎、根ともに芳香があり、これを抽出したのが樟脳で、衣類などの虫除けに使われる。面白いもので、アオスジアゲハのように樟脳が効かない昆虫がいる。その幼虫はクスノキの葉を食べて育つ。なお、繭からテグスのような強い糸が取れるクスサンは、多種の木の葉を食べる蛾であるが、クスノキでもよく育つ。想像を絶する昆虫類の環境適応能力の例である。ニッケイは根の皮を香辛料として使う。同属のヤブニッケイも、植物体全体が特有の芳香を持つ。この属の葉脈は中央と左右一本ずつの三本が目立つのが特徴である。

タブノキは四月ころ開花し、七月はじめころ直径十ミリメートルほどの果実が実る。開花から実るまでの期間が、クスノキに比べ短いが、果実と種子ははるかに大きい。未熟果は緑色で、完熟すると黒紫色になるが、よく目立つのは果実そのものではなく、鮮やかな赤色になる果柄である。豊橋の構内では、ムクドリがついばみにやってくる。筆者が三宅島で観察したところによれば、日本列島に産するハトのうち最大のカラスバトが樹冠でこれをついばんでいた。地面に落ちているくちばし跡の残る果実から判断すると、赤く色づいた果柄が目印になっているようで、果実そのものは未だ紫に色が変わる前の緑色のうちから食べられていた。なお、果実には硬い種皮に包まれた大きな種子が一つ含まれており、丸呑みされた果実は、その嚢で果肉と種子とに分離され、種子は吐き出される。果肉がはがされた種子は、地上に落ちるとすぐに発芽する。動物によって撒布される種子では、多くの場合、果肉には種子の発芽を抑える成分が含まれているので、鳥

（動物）がこれを取り除くことによって発芽が促進される仕組みとなっている。鳥は果肉を栄養として受け取り、植物は発芽の準備が整った種子を撒布してもらう。このように、本来の生態系においては鳥と植物の見事な共生関係ができている。

なお、タブノキは、染色や線香の材料として使われる。八丈島の伝統絹織物、黄八丈の茶色の染料はこれから採る。スギの葉の粉末にタブノキの葉の粉末を糊料として混ぜ、成形し固めたものが線香である。タブノキの葉は、強い粘着成分を含んでいる。

◉――ヤブツバキ、サザンカ（ツバキ属）

日本列島の太平洋側の暖地には、常緑の高木ないし亜高木のヤブツバキが分布する。クスノキやシイ、カシ、タブノキなどと比較すると成長は遅く、背丈も低い。そのかわり、暗い林内でもじっと耐え忍んで生き長らえる能力は抜群である。大きな種子は、高カロリーの油脂をたっぷり含む。種子撒布はネズミによるのだろう。照葉樹林内では、上を覆っている他の木が強風など何らかの原因で倒れて明るくなった際に成長し、密生した葉で光をさえぎって他の樹種の侵入を抑えながら、純林をつくる傾向がある。こうして陽光の当たる場所を占めた株は、二月から三月にかけて開花し、甘い蜜をたっぷり分泌する。気温の低い時期に花粉を媒介するのは、昆虫ではなく、吸蜜に訪れるヒヨドリとメジロの二種の小鳥である。開花期にヤブツバキの大木の樹冠を双眼鏡で覗いて見ると、顔を黄色に染めたヒヨドリや、頭から胸まで黄色になったメジロが盛んに吸蜜しているのを観察できる。ヤブツバキの種子からは、上質の油脂が採れるため、古くから人家の周りに植えられてきた。かつては、屋敷の周囲にある数本のヤブツバキの種子を集めて採れる油脂で自給していた時代があり、人々の暮らしと切り離せない木であった。伊豆諸島では屋敷林の他、ツバキ畑（山）を管理して油脂生産をしてきた。木本植物を栽培する農業、アグロフォレストリー(注)の一例とみなしてよいであろう。

注：穀物類の栽培が難しい熱帯多雨地帯では、アグロフォレストリーが持続可能な一次産業として注目されている。

なお、日本海側の多雪地帯には常緑低木のユキツバキが分布する。日本海側に豪雪が降るようになってから、地質学的にはさほど経っていないので、ヤブツバキ型の祖先からユキツバキが枝分かれしてきたのも、それほど昔のことではないと考えられる。

ツバキは日本列島を代表する花木でもあり、古くから八重咲きや色変わりの品種が存在したが、ヨーロッパに持ち込まれて、八重咲き・大輪のさまざまな園芸品種が作り出されている。

サザンカはツバキより早く、十一月から十二月にかけて開花する。このころの暖かな日には、ハナアブやスズメガなどの昆虫が吸蜜に訪れる。サザンカの種子も油脂を含み、利用される。

◉――ヒサカキ、サカキ、モッコク（ツバキ科）

ヒサカキはヒシャシャキともいい、東北以南の里山にごく普通にみられる雌雄異株の常緑亜高木である。春先、三月から四月の初めにかけて、枝先に釣鐘型の小さな花を列状につけ、強い臭いを放つが、よい香りではない。葉の縁全体に細かい鋸歯があり、葉の形はチャに似る。秋に四ミリメートルほどの黒紫色の液果を実らせ、野鳥が冬の間についばむ。東海地方では、仏事に用いるシキミの代わりに使われる。サカキが手に入らない地域では、サカキの代用品として神事にも使われるという。

サカキは、常緑亜高木で、葉の質は厚く、鋸歯のない全縁で、先は鋭く尖っている。枝先の芽が三日月のように曲がっているのが特徴である。六月の梅雨の頃、白い両性花をつける。香りのよい蜜を分泌し、ミツバチやスズメバチが吸蜜に訪れる。秋に七ミリメートルほどの黒い液果を実らせる。この木の枝は神事・祭事に使われるので、神社の境内に植えられ、下刈りなどの際にも選択的に保護されるので、東海地方のいわゆる鎮守の森には豊富に存在する。サカキ属はアジアの暖帯から亜熱帯に一種、太平洋を挟んで中央アメリカに十六種が知られている。

モッコクは、日本列島西南部から、南西諸島、東南アジア、インドにかけて分布する常緑高木で、材質は堅く建築材として使われるほか、庭園樹としても好まれる。モッコク属は世界の熱帯地域を中心に多数の種が知られている。

◉——クロガネモチ

シイ林やタブノキ林中に点在するモチノキ科の常緑高木で、雌雄異株である。雌株は、晩秋になると多数の赤い小果を枝先につけ、艶のある緑葉とのコントラストが美しい。幹は滑らかで白く、庭木としても好まれる。小鳥たちはクスノキの果実を食べ尽くしてしまった、一月から二月にかけて、この果実を食べにやって来る。美味しい食い物を後まで残しておくという習性はありそうもないので、美味でないと思われるが、そのクロガネモチの果実も、小鳥たちの飢えがもっとも酷くなる時期の蓄えとして意味があるのだろう。

なお、同属の常緑高木タラヨウは大きな葉が特徴で、果実はクロガネモチと同様に赤く熟す。常緑低木のイヌツゲの小果実は黒く熟す。いずれも、雌雄異株である。

◉——照葉樹林の下生え　センリョウ、アオキ、ヤツデ、マンリョウ、イヌビワ

これらは、常緑広葉樹林の薄暗い林床に生える低木類で、多くは常緑である。冬でも常緑樹の覆いがあるので、霜に当たらない。熱帯や亜熱帯から日本列島まで分布している仲間が少なくない。寒さには弱く、樹林を切り開くと一冬で絶滅してしまうものが多い。しかし、暗いところで

センリョウ

生活する能力は人一倍である。彼らの存在は、光の弱い林床では、光合成量（収入）は多くを望めないが、呼吸量（支出）を減らせば生きられることを示している。黒紫色に熟すヤツデ以外は、果実が薄暗い林床でも目立つ赤ないし橙色に熟す。いずれの種子も小鳥によって撒布される。センリョウはセンリョウ科、アオキはミズキ科、マンリョウはヤブコウジ科に属する。イチジクに近縁なクワ科の落葉低木、イヌビワも照葉樹林の林床を特徴づける。冬に地上部は枯れるが地下部の芋を持つ多年生草本、サトイモ科のウラシマソウも見られる。観察適地は図書館と研究館の間の樹林である。

なお、大学内では見られないが、マンリョウと同属のヤブコウジは、常緑樹林の林床に普通に見られる。社寺林のよく保全された林床には、アカネ科のアリドオシやジュズネノキが分布する。

◉——蔓植物　フジ、ツルウメモドキ、ツタ、キヅタ、ヒメイタビ、テイカカズラ

暗い林床から明るい樹冠まで高木の幹を這い上がって、生活する戦略を身につけたのが蔓植物である。マメ科のフジは、落葉性の蔓であるが、常緑広葉樹林で旺盛に生活している。五月ころ紫花が咲いて美しいが、樹木にとっては光をめぐる競争相手としてあなどれない相手である。大きな花房を目指して、大型のハナバチであるクマバチが吸蜜にやってくる。他に構内には、落葉

性のツルウメモドキ（ニシキギ科）、ツタ（ブドウ科）、常緑性のキヅタ（ウコギ科）、ヒメイタビ（クワ科）、テイカカズラ（キョウチクトウ科）がある。

常緑樹と落葉樹の違いは？

落葉か、常緑かの違いは、一言でいえば、休眠性の有無である。すなわち、落葉樹は、冬季、あるいは乾季に葉を落として休眠する。広葉樹の薄く面積の大きい葉は、光を効率よく受けて、光合成をするためには便利な形状だが、低温や乾燥には弱い。したがって、条件の悪い時期には、光合成を止めて休眠するように適応したのが落葉樹である。一方、湿潤な熱帯から暖温帯まで、休眠が必要ではないので、常緑広葉樹が支配的な生活型となる。常緑樹は休眠しないため、もしも厳しい低温や乾燥に直面すれば枯れてしまう。

針葉樹については、メタセコイアのように冬季に落葉するものもあるが、トウヒ（エゾマツ）、シラビソ（トドマツ）やハイマツなどのような厳しい寒さの中でも落葉しない種が、高緯度地帯に旺盛に生育している。これらの植物は、落葉するのではなく、針葉が凍害を受けないような低温耐性のしくみを発達させてきた。これらの常緑針葉樹は、数年にわたって使うことができる葉を持っているので、毎年葉をつけかえなければならない落葉広葉樹よりも、有利に生活ができるわけである。しかし、北半球の中でもっとも厳しい寒さにみまわれるシベリア東部には、常緑針葉樹のトウヒやシラビソは分布できず、落葉性のグイマツ（カラマツ）が生育している。針葉樹の世界でも、この地域の極端な寒さには、葉を落として休眠せざるを得ないようである。なお、グイマツの林の中には、常緑性のハイマツが分布しているが、これは積雪によって保護されているからである。雪は断熱性に優れており、ツンドラ地帯でも、多くの常緑の低木類が生育している。

第四章　温帯落葉樹林、温帯針葉樹林、および海岸林の樹種

◉——気候帯と植生について

気候帯と植生の型の間に密接な関係があることは古くから知られていたが、この関係を数量的に明らかにしたのが吉良竜夫博士である。農業面でよく知られているように、植物の成長量と成育期間中の積算温度との間には密接な関係がある。降水量と植物の成長量とが関係するのはもちろんだ。植物が成長できる温度の期間がどれほどあるか、また、植物が利用できる水分がどれほどあるかを表す温量指数

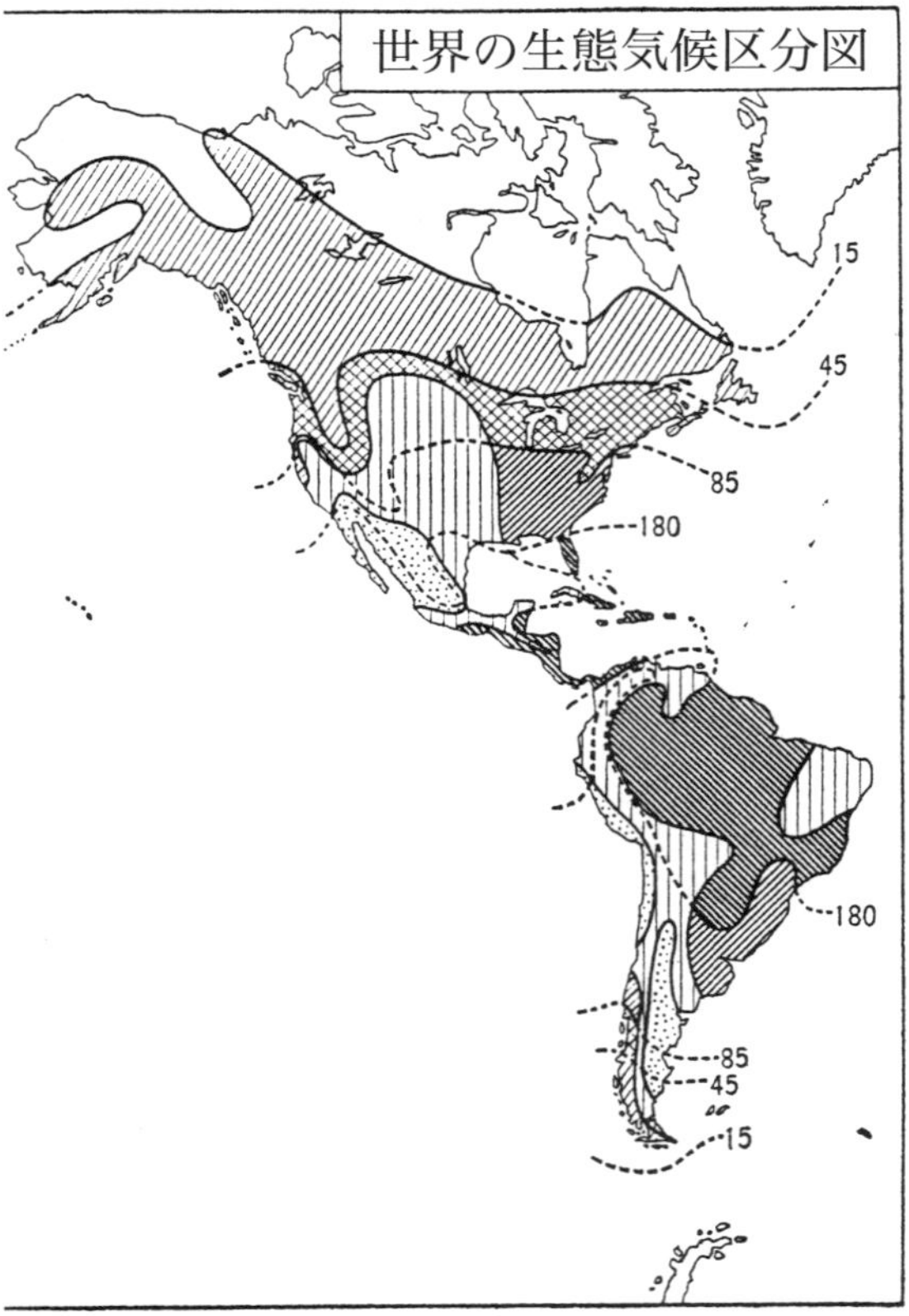

文化」中公新書1969年〕による）

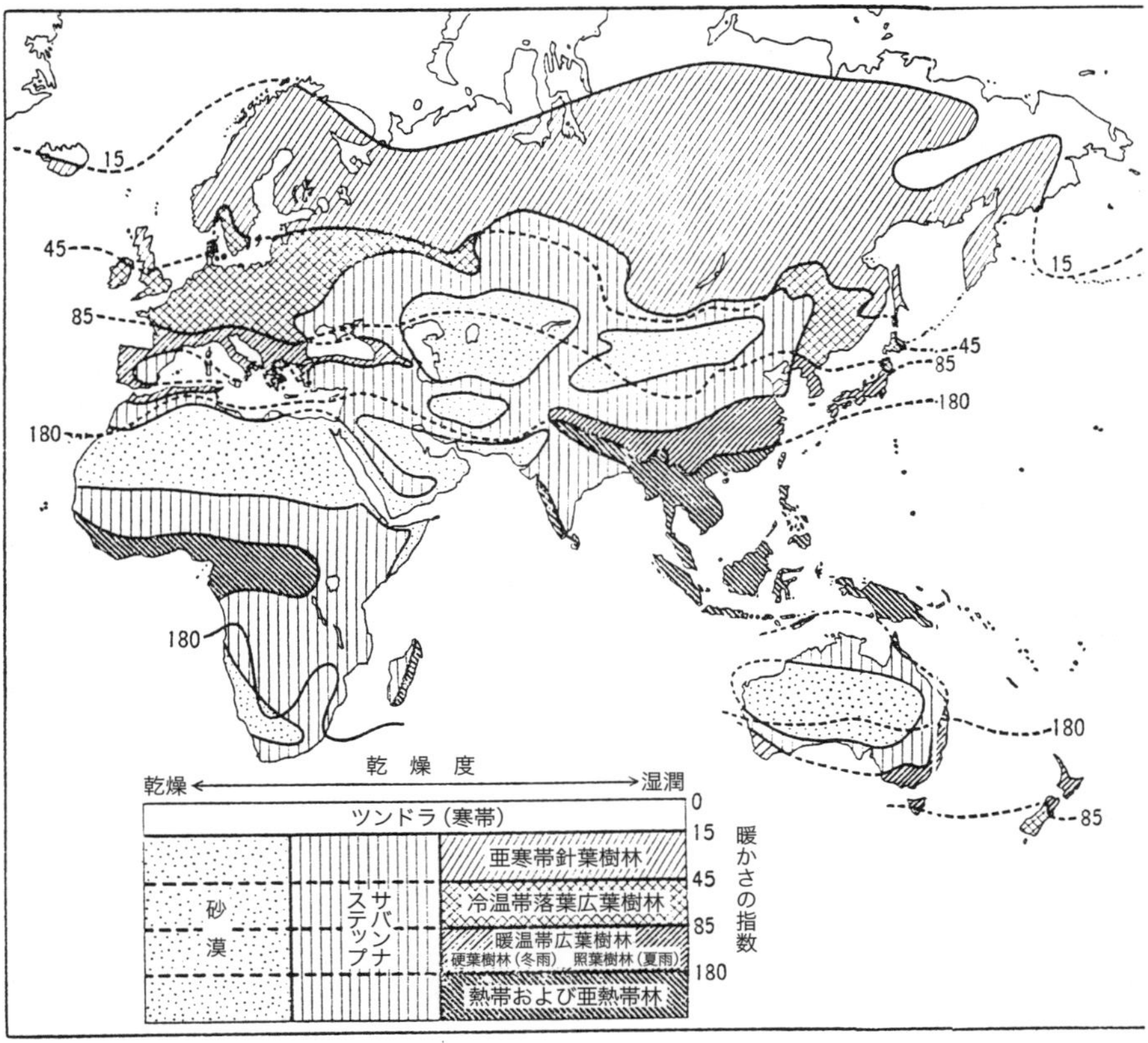

気候帯区分図（吉良竜夫〔上山春平編「照葉樹林

と乾湿指数という二種類の数量を使って、植生と気候帯との関係を見事に対応づけた。

「吉良の温量指数」は、月平均気温（摂氏）から五度を引いた値を十二ヵ月合計したものである。ただし、マイナスになる月は零とする。なぜ五度を引くかと言う理由は、摂氏五度以下では植物の成長がほぼ止まるからである。日本列島のように、降水量が十分多い地域では、植生区分は、ほぼ温量指数のみで決まる。指数一八〇（度・月）以上は熱帯・亜熱帯、一八〇から八五までが暖温帯、八五から四五の間が冷温帯、四五から一五までが亜寒帯、一五から零までがツンドラに当たる。この温量指数を使えば、水平方向の気候帯と植生の対応だけでなく、垂直方向の植生区分についても表すことができる。

◉——冷温帯落葉樹林

ブナ、ミズナラ、トチノキ、シナノキ、ハルニレ、オヒョウなどの落葉高木からなる林であるが、気候条件の関係で大学構内には、ほとんど見られない。

◉——タカオカエデ（イロハモミジ）

カエデのなかまには紅葉の美しいものが多いので、モミジ（紅葉）とよばれることが多い。小さな五本の指を広げた赤子の手を、「モミジのような手」と表現するが、カエデのなかまはすべてタカオカエデのような五ないし七裂した葉形をしているわけではない。チドリノキの葉は、ケヤキによく似た形をしており、切れこみは無い。

なお、カエデ類は冷温帯域が本来の生育適地であるので、豊橋の地は暖かすぎて植栽に適していないと考えられる。構内のカエデ類はほとんどがカミキリムシによる食害を受けている。

◉——温帯針葉樹林　モミ、ヒノキ、サワラ、イチイ、スギ

日本列島中部の植生垂直分布をみると、暖温帯と冷温帯の境界付近には、多種の常緑針葉樹が生育しており、モミ・ツガ帯と呼ばれている。いわゆる北方針葉樹林（タイガ）は、ブナやナラの林よりも緯度・高度の高いところに分布しているが、このモミ・ツガ林はブナ・ミズナラ林よ

オーク（oak）

オークの葉

日本のミズナラ、アジア大陸東部のモンゴリナラに対応するヨーロッパの温帯林の主要な樹種が、オークである。一種ではなく数種がある。かつて、日本の辞書にカシ（樫）と訳されていたので、近年になっても「英女王が来日記念に樫の木を植えた」というような報道がなされることがあるが、「楢の木」または、より厳密に「ヨーロッパナラ」とした方がよい。葉の形は、先の丸い大きなくびれが特徴で、一見カシワに似ている。

ナラ類の材は、カシ類ほどではないが、一般に硬く強靭で、器具、家具や建築に使われる。オークが船材、樽材として使われてきたことはよく知られている。ドングリと呼ばれる果実は大きな子葉にデンプンを蓄えた種子を含み、ネズミ、リス、イノシシ、シカ、クマなどの哺乳類やカケスなど鳥類の餌として重要だ。人類も家畜の餌や食用として利用してきた。

針葉樹とは？

裸子植物は、ソテツ綱、イチョウ綱、球果植物綱、グネツム綱（マオウのなかま）の四つの綱からなる。このうち、球果植物綱は針葉樹綱とも呼ばれ、現生の裸子植物の中ではもっとも繁栄している。なかでも、細小な葉を持つマツ科の樹種が、北半球で広い樹林帯を形成している。球果植物綱は、古生代の化石として知られているコルダボク目と球果植物目とからなり、後者には化石科のレバキア科などと、現生のマツ科、コウヤマキ科、スギ科、ヒノキ科、ナンヨウスギ科、イヌマキ科、イヌガヤ科、イチイ科が含まれる。化石のコルダボクの類から、葉が小型化したレバキア類を経由して、現生の針葉樹類が生じてきたと考えられている。球果植物のすべてが、マツ属やカラマツ属のような針葉を持っているのではなく、ヒノキ科のように鱗片状に小型化した葉や、イヌマキ属のナギのような広い葉を持つものもある。常緑性のものが多いが、メタセコイア、ヌマスギ、カラマツなどのような落葉性の種も含まれる。

系統進化の上では、被子植物は裸子植物より後から出てきたものだ。植物の生育にとって条件のいい温暖な低緯度帯は、被子植物の広葉樹類が占めており、針葉樹類はそれらに押しやられて高緯度帯あるいは標高の高い亜高山帯に活路を見出しているようにみえる。被子植物の常緑広葉樹が侵入できない北半球高緯度帯に、低温耐性を獲得して繁栄しているのが、トウヒ属、モミ属、マツ属、カラマツ属などのマツ科のグループと考えられる。

落葉性針葉樹・メタセコイア

モミ・ツガ林の分布（沼田　真　編「生態の事典」東京堂出版（1976）に基づいて作成）

りも下部を占めている。積雪が多い日本海側では、モミ・ツガ林は発達しないが、西南日本太平洋側の山地では、かなりの面積の針葉樹林がある。ウラジロモミ、モミ、ツガ、トガサワラ、クロベ、ヒノキ、サワラ、イチイなどがこのような林の構成種である。この地域特産の一科一属一種であるコウヤマキも、モミ・ツガ帯に生育している。コウヤマキは、スギ科、ヒノキ科、マツ科の性質を併せ持ち、それぞれのグループに分化する前の針葉樹の先祖とも言えるような植物である。

もう一つ、スギもほぼこの区分に入れることができるが、天然分布域は年間降水量が三千ミリメートルを越える多雨地域であるといわれる。

林業では、土壌水分の豊富な斜面下部にスギを、乾燥する斜面上部から尾根にはヒノキを植えている。

◉——海岸林　ウバメガシ、ヒメユズリハ、モチノキ

ナラの類はほとんどが落葉樹であるが、ウバメガシは常緑で、しかも潮風が吹きつける海岸に分布している。表面を保護するクチクラ層が照葉樹よりもさらに厚く、硬い小型の葉をつけ、塩害を防いでいる。ウバメガシは生態的には硬葉樹の一つに区分される。硬葉樹類の分布中心は、冬雨、夏乾季の地中海地域にある。ウバメガシは海岸に進出したナラである。潮風が直接当たる環境では、競争相手となるスダジイやアカガシなども生育できないので、ウバメガシのような成長が遅く、かつ背丈のあまり高くない樹種が優占種となることができるのだろう。急傾斜海岸林の土砂崩壊を防ぐウバメガシ林は貴重である。なお、海岸ばかりではなく、内陸でも蛇紋岩地域や極端にやせた尾根筋には分布していることがある。この材で作られた炭は、備長炭として名が通っているように、材は緻密で硬く、炭にすると火持ちがよい。ウナギの蒲焼用の炭として利用されている。また、刈り込みに強く、密に葉を茂らせるので、庭園樹や生け垣用に植栽される。

なお、ツバキ科のハマヒサカキは、潮風の吹きつける立地にウバメガシと並んで低木密生林をつくる。これらの海岸林には、ヒメユズリハ（ユズリハ科）やモチノキ（モチノキ科）、トベラ（トベラ科）も多い。

ホルトノキの果実をつけた枝

◉——ホルトノキ

樹形や葉の形は一見ヤマモモに似る常緑高木であるが、紅葉した葉が少し混じるので見分けられる。開花は七月中旬、花弁の先が細かく割れた特徴ある白花を穂状につける。オリーブによく似た果実は秋に熟して緑色から紫黒色に変わり、鳥によって種子撒布される。渥美半島、知多半島、伊豆諸島などに自生が知られているが、近年、街路樹などに広く植栽されるようになった。ホルトノキのなかまは、マダガスカル、オーストラリア、太平洋諸島から日本列島西南部にかけて分布する海洋性の植物である。

◉——イブキ

日本ではところどころの海岸に分布するヒノキ科の針葉樹であるが、大陸内部にも分布する。近くでは、知多半島先端の幡豆岬が自生地として知られている。庭木として広く植栽される園芸品種にカイズカイブキがある。

◉——ガクアジサイ

伊豆半島や伊豆諸島に多く、ユキノシタ科の落葉性低木で、海岸に近い林の林縁に見られる。

アジサイはガクアジサイから選抜・育種された園芸品種である。

◉——ソテツ

九州から琉球列島、台湾、中国南部の海岸の崖地に自生する裸子植物で、このなかまは熱帯を中心に分布している。雌雄異株で、繊毛を持つ精子を形成することで有名である。種子と幹にはデンプンを含むが、有毒で、アク抜きをすれば食べられる。

ソテツ（雄株）の花

第五章　地球規模の視野で見る日本列島の森林・生態系

◉——太平洋をはさんで両側に分布する隣の大陸の近親者　タイサンボクとホオノキ（モクレン属）

モクレン科モクレン属のタイサンボクは北アメリカ南部から庭園樹として持ちこまれた常緑高木である。梅雨の頃、大きな白花を開き、強い芳香を放つところは日本列島特産の落葉高木ホオノキに似ている。葉が大きいことも両者に共通するが、タイサンボクは常緑性で硬く厚い葉であり、ホオノキは落葉性で質は薄い。ホオノキの芳香を帯びた大きな葉は、食べ物を包むのに好んで使われる。白い花弁の大きな花は、甘く強い芳香を放つ。モクレン属（マグノリア）はユーラシアの東部から東南部にかけて、および太平洋を越えた北アメリカの暖帯に隔離分布している。

◉——ハナノキ　第三紀周北極要素

愛知県、岐阜県と長野県の一部のみに分布するカエデ属のハナノキと近縁の種、アメリカハナノキが北アメリカ中東部に分布している。

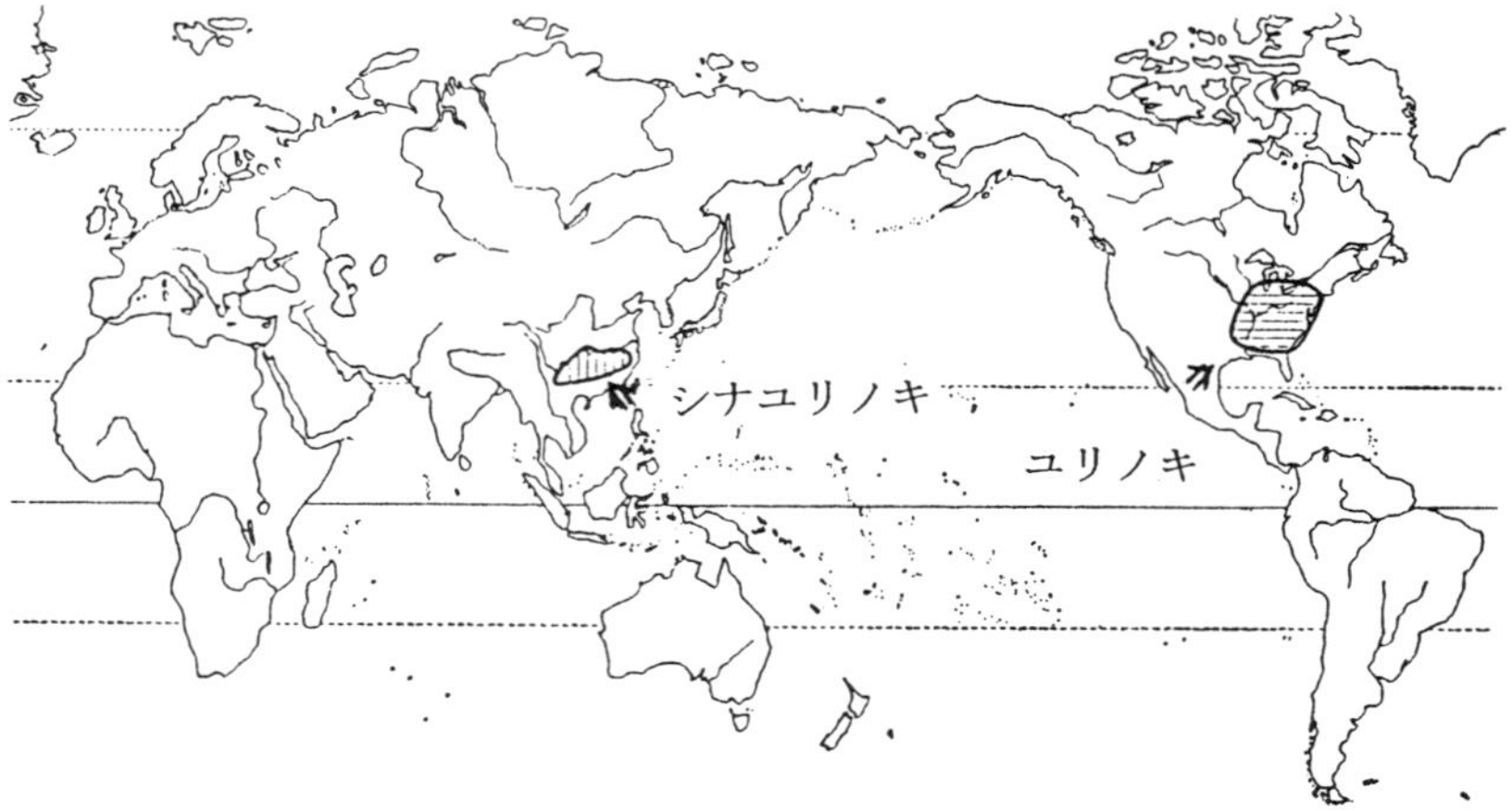

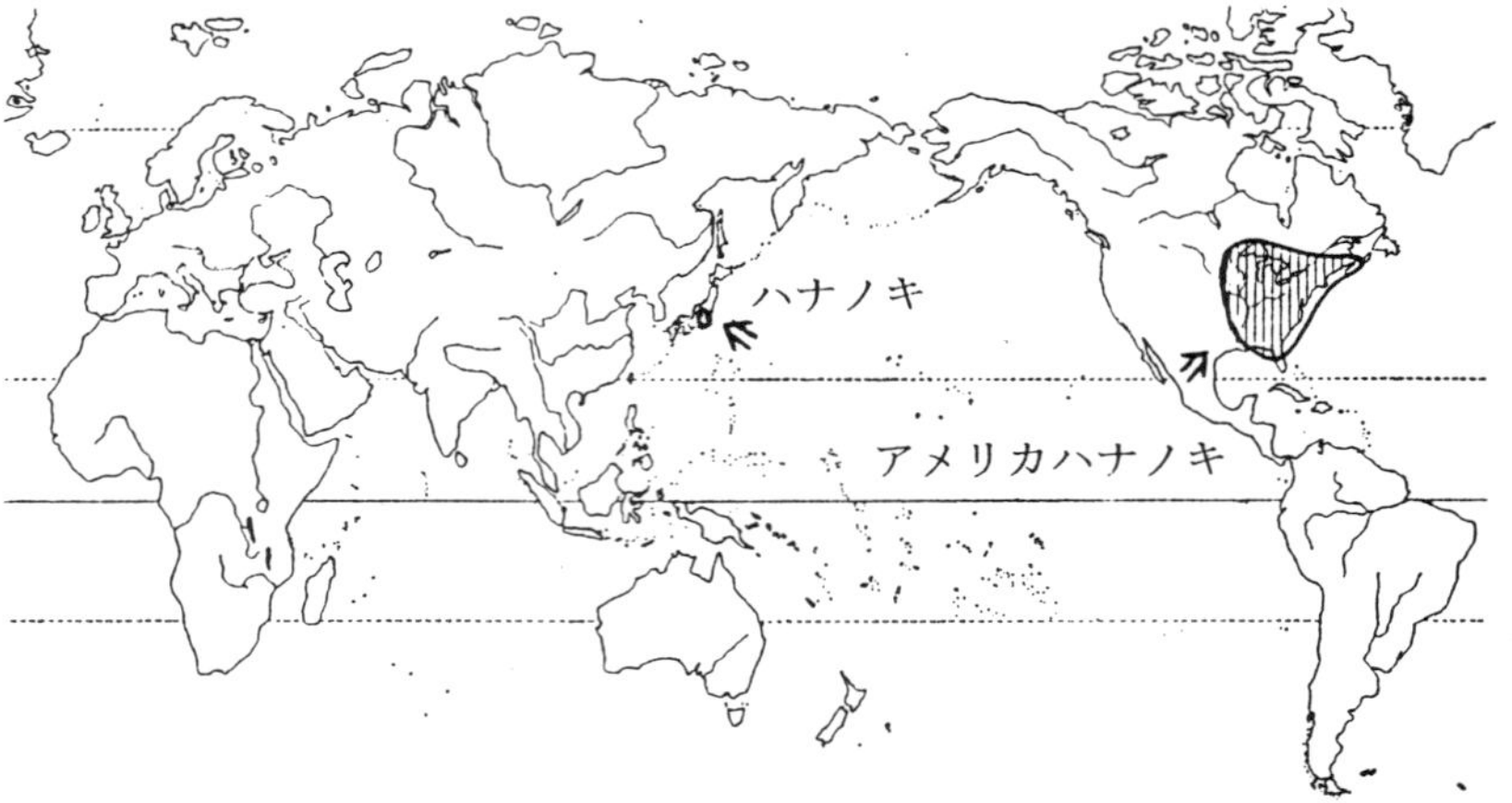

シナユリノキ、ユリノキ、ハナノキ、アメリカハナノキの分布図
（堀田満、1974に基づいて作成）

ハナノキのように現在、太平洋を挟んで北アメリカとユーラシアの双方の温帯域に分布している植物の多くが、氷河期以前の温暖な第三紀には、北極周辺の高緯度地方に連続的に分布していた。その後の寒冷化にともなって南下し、それぞれの大陸に隔離されて別々の進化を遂げてきたものと考えられる。多くの植物

で、第三紀の化石が広くユーラシア大陸および北アメリカ大陸の北部から見出されている。

◉――南半球からやってきたイヌマキとナギ

イヌマキは東海地方では「ホソバ」と呼ばれて、人家や農地の防風垣によく使われている。雌雄異株の裸子植物で、種子は緑色をした直径七ミリメートルほどの保護組織に包まれている。種子の柄の周りに果肉のような組織（裸子植物なので真の果肉ではない）が付いており、赤紫色に熟したものを小鳥がついばんで種子撒布を行う。マツカサをつけないのでマツ、スギ、ヒノキのなかまとは近縁でないことがわかる。ナギはしばしば、神社に植えられている。イヌマキ科の分布中心は、ニューギニア、オーストラリア、南アメリカなど南半球にあり、比較的新しく北半球に進出してきたものである。

◉――サラワクの熱帯林で

筆者は、赤道直下のボルネオ島、サラワクの熱帯雨林を訪れる機会があったが、そのおり、日本列島西南部の植生を代表するシイのなかまをこの熱帯雨林で目にすることができた。マテバシイのなかまも確認できた。シイ、マテバシイ、カシの類の多くは、東南アジアの山地に分布の中心があり、一部は低地熱帯林まで分布している。その分布の北限が日本となっている。こうしてみると日本列島西南部の植生は東南アジアの熱帯林とも関係がありそうである。ルリミノキ、ヤブミョウガ、アオノクマタケランなど、同一または極めて近縁な種が両者の林床に分布している。ヤシ類は熱帯林中に豊富で、もっとも北に分布するのがシュロである。同様に熱帯に分布の中心があるタケ・ササ類の分布の端が日本列島（最北端は千島列島）である。構内にはネザサが見られるほか、オカメザサ、ホテイチク、キンメイチクが植えられている。

◉──カムチャツカの北方林で

熱帯林とは対照的な、日本列島のはるか北方・北極圏に連なるカムチャツカを訪れる機会があった。カムチャツカ半島の南部では、標高七百メートル以下はダケカンバの林となっており、その上部にミヤマハンノキとハイマツの低木が密生している。高山ツンドラにはキバナシャクナゲやエゾツツジなど日本列島の高山植物として顔なじみの共通種が多い。氷河期に南下した植物たちが、後氷期の温暖化に伴って、標高の高い山地に取り残されたのが、いわゆる高山植物なのである。最終氷期から一万年程度しか経っていないので、カムチャツカと日本列島の高山に離れ離れに暮らす植物が同一種であり、少なくとも見かけ上まったく変わらないのは不思議ではない。ダケカンバ林の下生えには、チシマフウロ、マイズルソウなど日本でもなじみの深い種が実に多い。なお、極地ツンドラが北極圏を取り巻いて連続しているので、ヨーロッパの北方で見かけるのと同じ種も分布している。

◉——アジア大陸との関係　日本海を挟んだ沿海州で

カムチャツカの帰途、ウラジオストクに寄って郊外の森を案内してもらう機会を得た。ウラジオストクは、日本海を挟んで新潟まで飛行機なら一時間半、北海道よりも低緯度である。日本列島との近縁種・共通種が極めて多く、チョウセンマツ、マンシュウボダイジュ、オニグルミ、モンゴリナラ、ニシキギなどの木々に取り巻かれて、中部山岳のどこかの森、あるいは故郷の里山にいるような懐かしい気分を味わった。

シロヤマブキの花と前年実

◉——中国中南部との共通種　ナンテン、アオギリ、ヤマブキ、シロヤマブキ、ビワ、カナメモチ、ユキヤナギ、イスノキ、サンゴジュ

これまでに取り上げてきた植物の中にも、多くの大陸との共通種が含まれているが、大学構内に生育していてまだ名前がでていないものを拾い上げてみると上記のような種がある。

このように多くの植物種がアジア大陸東部と関係を持っている。アジア大陸の東の縁が大陸から分離して日本列島ができ、その後も氷期には陸続きになった[注]のだから、そこに分布する植物（生物）に共通種が多いのは当たり前のことである。なお、日本列島は気候が海洋性であり、脊梁山脈が貫いていることなどの条件から大陸域とは異なる性格を持つことも忘れてはならない。西南部および日本海側は暖流の影響を受け、東北部太平洋側は寒流の影響を受けていることも、日本列島の環境を多様にしている要因だろう。日本海側の冬季の豪雪は、世界的にも稀な現象である。ユキツバキとヤブツバキの例を先に述べたが、スギも

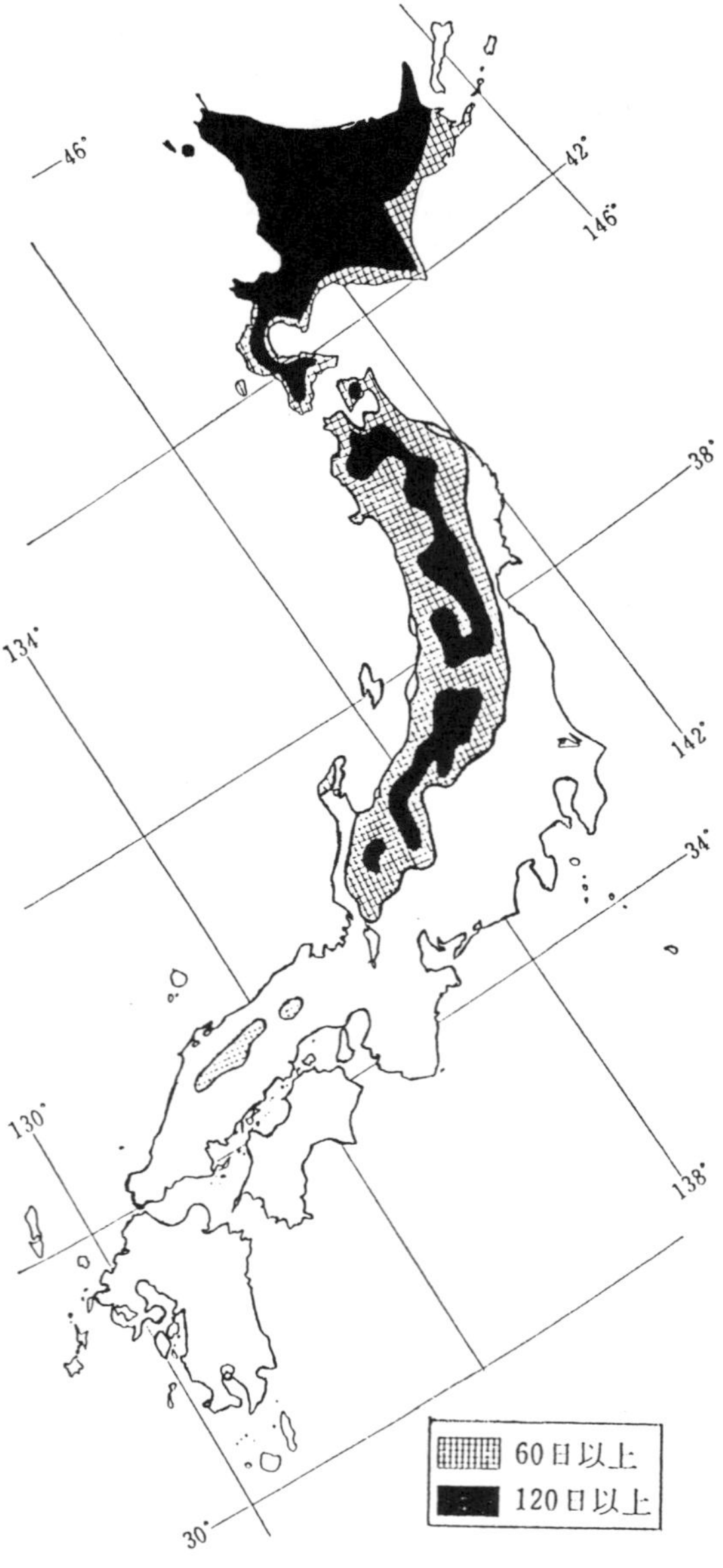

図16　積雪日数図（日本気候図Ⅱ、気象庁より）

日本海側と太平洋側でかなりの性質の差が見られる。モミ・ツガ林は、豪雪地帯にはみられない。ササ類も積雪の深さによって形態や生態に差が生じ、種分化が見られるなど、植物の世界にもその影響ははっきりと現れている。

注：二万年前のウルム氷期の最盛期には、海面が現在よりおよそ一四〇メートル低下したことが知られている。

◉——北と南をつなぐ回廊

世界地図で日本列島周辺を見てみると、北は、北海道から千島列島を経て、カムチャツカまで、完全な地続きではないが、弧状列島がつながっている。南に目を転じれば、南西諸島から、台湾、フィリピンを経てマレーシアやインドネシアという熱帯とつながっており、日本列島が、北と南をつなぐ掛け橋となっていることに気がつくだろう。しかも、日本列島には、脊梁山脈が貫いているので、気候帯は、同じ緯度にあっても標高によって暖温帯から亜寒帯（亜高山帯）までそろっているという特徴がある。気候変動にともなって生物が移動する場合を考えてみると、生物たちは水平移動を強制されずに、垂直方向への移動で生き延びる可能性が与えられているのである。平坦で単調な地形が続く大陸では長距離の水平移動が必要になるが、垂直方向の移動が可能な日本列島では、植物や動物の移動の条件が緩和される可能性があり、生物たちの移動の回廊・生き残りの場として、たいへん重要であると推定される。

毎年繰り返される渡り鳥の移動のような現象のほか、長期的な気候変動に伴う植物種や生物群集の移動を含めて考えてみれば、日本列島と周辺の弧状列島の自然植生を保全することは、極めて重要な地球規模の課題であることが理解できるだろう。

干潟の埋立てが、長距離の渡りをする水鳥に対して深刻な影響を与えるとの指摘がなされている。同じように、列島の自然林をスギ、ヒノキ、カラマツなどの人工林に置き換えた林業が野生生物に与えてきた影響の大きさは計り知れないものがあったのではなかろうか。

経済や産業など短期的な利害にのみ関心を寄せてきた産業社会のあり方をそのまま踏襲するならば、二十一世紀のわれわれの未来は開かれないだろう。われわれ人類は、四十億年の地球の歴史、および三十数億年の生物の歴史を踏まえ、一千万種に上る生物種と共に生きるという方向に、生き方の転換を迫られているのではなかろうか。

付章

◉——メタセコイア

スギ科の落葉性針葉高木で、中国の四川省、湖北省の標高千メートル前後に自生していることが一九四五年にわかった。第三紀には北半球北部に広く分布していたことが化石によって知られており、学名は現生種が発見される前の一九四一年に化石に与えられたものである。葉・枝ともに対生であるのが特徴となっている。

◉——イチョウ

中国の安徽省、浙江省の一部に自生していることが知られている。イチョウ科の雌雄異株の裸子植物で、葉脈は二叉分枝をする。運動性を持つ精子を作ることで、ソテツとともに有名である。日本には古く導入され、寺院に植えられて薬用に使われてきたらしい。種子は食用にするが、たくさん食べてはいけない。秋の黄葉は見事である。

◉——ユリノキ

ユリノキの花

北アメリカ東南部の温帯林を代表するモクレン科の落葉樹である。特徴ある葉の形からハンテンボクとも呼ばれ、上向きにカップ状に開く花の形がチューリップに似ていることから、チューリップ・ツリーと英語圏では呼ばれる。高い樹冠に上向きに咲く花を下から見上げても、緑色で見栄えがしないが、これを上からのぞくとオレンジ色が鮮やかだ。近縁種が中国中南部に分布する、太平洋を挟んだ隔離分布の一つとして有名である。

◉——海外から持ち込まれたもの

中国：イチョウ、メタセコイア、モクレン、ハクモクレン、ヒイラギナンテン、ホソバヒイラギナンテン、チャ、ボダイジュ、ムクゲ、ナツミカン、キンカン、シンジュ、タチバナモドキ、ウメ、アンズ、サルスベリ、トウカエデ、ギンモクセイ、キンモクセイ、オウバイ、ミツマタ、ナンキンハゼ、カキ

東南アジア：デイゴ

インド・ヒマラヤ・アフガニスタン・イラン：ヒマラヤスギ、ザクロ、レモン、キョウチクトウ

地中海沿岸：ゲッケイジュ、オリーブ、ムラサキハシドイ
北アメリカ：タイサンボク、ユリノキ、イトラン
南アメリカ：フェイジョア
ヨーロッパ：モミジバスズカケノキ、セイヨウトチノキ（マロニエ）、ヨーロッパナラ（オーク）
園芸品種：ベニバナトチノキ、ヒイラギモクセイ、ハナツクバネウツギ

参考図書

山岸高旺編『植物系統分類の基礎』北隆館　一九七四
堀田　満『植物の分布と分化』三省堂　一九七四
北村四郎・村田　源『原色日本植物図鑑　木本編Ⅰ、Ⅱ』保育社　一九七九
柴田桂太編『増補改訂版　資源植物事典』北隆館　一九五七
塚本洋太郎編『園芸植物大事典　全六巻』小学館　一九八八
週刊百科編集部編『朝日百科　植物の世界』朝日新聞社　一九九七
Fitter, R. et al., *The Wild Flowers of Britain and Northern Europe*. Collins 1974.

引用文献

吉良竜夫（上山春平編『照葉樹林文化』中公新書　一九六九）
Kobayashi, S. & Hiroki, S., *J. Phytogeogr. Taxon.* 46, 187–189, 1998.
市野和夫　愛知大学綜合郷土研究所紀要　三六輯　一一二－一一八　一九九一
広木詔三・市野和夫　植物地理・分類研究　三九巻二号　七九－八六　一九九一
Forman, L. L., *Kew Bulletin*, 18, No. 3, 385–419, 1964.

刊行のことば

愛知大学は、戦前上海に設立された東亜同文書院大学などをベースにして、一九四六年に「国際人の養成」と「地域文化への貢献」を建学精神にかかげて開学した。その建学精神の一方の趣旨を実践するため、一九五一年に綜合郷土研究所が設立されたのである。

以来、当研究所では歴史・地理・社会・民俗・文学・自然科学などの各分野からこの地域を研究し、同時に東海地方の資史料を収集してきた。その成果は、紀要や研究叢書として発表し、あわせて資料叢書を発行したり講演会やシンポジウムなどを開催して地域文化の発展に寄与する努力をしてきた。今回、こうした事業に加え、所員の従来の研究成果をできる限りやさしい表現で解説するブックレットを発行することにした。

二十一世紀を迎えた現在、各種のマスメディアが急速に発達しつつある。しかし活字を主体とした出版物こそが、ものの本質を熟考し、またそれを社会へ訴える最適な手段であると信じている。当研究所から生まれる一冊一冊のブックレットが、読者の知的冒険心をかきたてる糧になれば幸いである。

愛知大学綜合郷土研究所

【著者紹介】

市野 和夫（いちの かずお）

1946年　愛知県八名郡（現在は豊橋市）生まれ
1974年　名古屋大学大学院理学研究科博士課程単位修得
1979年　理学博士（名古屋大学）
現在、愛知大学国際コミュニケーション学部教授
論文等（自然誌関係）＝「東三河地方の森林植生についてⅠ イチイガシの現存分布と潜在植生としてのイチイガシ林」1986、愛知大学綜合郷土研究所紀要；「三宅島1874年熔岩流上の植物相」1997、愛知大学一般教育論集（共著）；「サラワクの熱帯雨林の中で観察できたブナ科植物二種」1999、ボルネオ旅行記（三河生物同好会50周年記念誌）
研究分野＝大学院では植物生理を学んだが、もともと山歩きが好きで、文系大学の一般教育に長らく携わってきたこともあり、自然科学一般、生態学や環境分野に広く興味を持っている。ここ十数年の間、共同研究者とともに、東海地域や三宅島の森林植生を調査したり、豊川流域や三河湾の汚濁問題に取り組んだりしてきた。1996年4月から1年間、デンマークのオーフス大学に滞在し、湿地の生態学に接する機会を得た。現在は、機会を見つけて、地球上のいろいろなフィールドに出かけ、人間を含む生物の観察をすることにしている。昨年はカムチャツカの火山地帯とタスマニアを訪れた。

愛知大学綜合郷土研究所ブックレット③

森の自然誌 ―みどりのキャンパスから

2002年3月29日　第1刷　2003年10月10日　第2刷発行
著者＝市野 和夫 ©
編集＝愛知大学綜合郷土研究所
〒441-8522 豊橋市町畑町1-1　Tel. 0532-47-4160
発行＝株式会社 あるむ
〒460-0012 名古屋市中区千代田3-1-12　第三記念橋ビル
Tel. 052-332-0861　Fax. 052-332-0862
http://www.arm-p.co.jp　E-mail: arm@a.email.ne.jp
印刷＝東邦印刷工業所

ISBN4-901095-33-1　C0340

樹木名／分類別・五十音順索引

愛知大学豊橋キャンパスに2001年現在みられる樹木、ならびにこの本で取り上げた樹木の「和名(中国名)ラテン名」の対照ならびに索引。数字は本文頁(写真頁)を示す。なお＊記号を付してあるものは、豊橋キャンパスにはみられない。

◉分類別

裸子植物　Gymnospermae

【ソテツ科 *Cycadaceae*】
ソテツ(蘇鉄) *Cycas revoluta*　52(52)
【イチョウ科 *Ginkgoaceae*】
イチョウ(銀杏) *Ginkgo biloba*　61(ⅳ)
【マツ科 *Pinaceae*】
*トウヒ(エゾマツ) *Picea jezoensis*　43
モミ *Abies firma*　47
*ウラジロモミ *Abies homolepis*　49
*シラビソ(トドマツ) *Abies Veitchii*　43
アカマツ *Pinus densiflora*　2,4
クロマツ *Pinus Thunbergii*　2,4(ⅰ)
*チョウセンマツ *Pinus koraiensis*　5,57
*ハイマツ *Pinus pumila*　43,56
*グイマツ *Larix Gmelinii*　43
*ツガ *Tsuga Sieboldii*　47
*トガサワラ *Pseudotsuga japonica*　49
ヒマラヤスギ *Cedrus Deodara*　62
【スギ科 *Taxodiaceae*】
メタセコイア(水杉) *Metasequoia glyptostroboides*　43,61
スギ(倭木) *Cryptomeria japonica*　47
【ヒノキ科 *Cupressaceae*】
イブキ(桧) *Juniperus chinensis*　51
ネズ(杜松) *Juniperus rigida*　2(ⅰ)
ヒノキ *Chamaecyparis obtusa*　47
サワラ *Chamaecyparis pisifola*　47
*クロベ *Thuja Standishii*　49
【コウヤマキ科 *Sciadopityaceae*】
*コウヤマキ *Sciadopitys verticillata*　49
【イヌマキ科 *Podocarpaceae*】
イヌマキ *Podocarpus macrophyllus*　55(ⅳ)
ナギ *Podocarpus Nagi*　55
【イチイ科 *Taxaceae*】
イチイ(キャラボク) *Taxus cuspidata*　47

被子植物 Angiospermae

【モクレン科 *Magnoliaceae*】
モクレン(辛夷) *Magnolia liliflora*　62
ハクモクレン(玉蘭) *Magnolia denudata*　62
タイサンボク(洋玉蘭) *Magnolia grandiflora*　53,63(ⅳ)
ホオノキ *Magnolia obovata*　20,53
シデコブシ *Magnolia stellata*　18(ⅲ)
*タムシバ *Magnolia salicifolia*　19
*コブシ *Magnolia Kobus*　19
ユリノキ *Liriodendron Tulipifera*　54,62
*シナユリノキ *Liriodendron chinense*　54
【シキミ科 *Illiciaceae*】
シキミ *Illicium anisatum*　40
【クスノキ科 *Lauraceae*】
クスノキ(樟) *Cinnamomum Camphora*　35(ⅱ)
ヤブニッケイ *Cinnamomum japonicum*　35
*ニッケイ *Cinnamomum Sieboldii*　37
タブノキ(紅楠) *Persea Thunbergii* (*Machilus Thunbergii*)　22,35(ⅱ)
ゲッケイジュ *Laurus nobilis*　62(ⅳ)

【センリョウ科 *Chloranthaceae*】
センリョウ *Chloranthus glaber* 41(42)
【メギ科 *Berberidaceae*】
ヒイラギナンテン(十大功労) *Mahonia japonica* 62
ホソバヒイラギナンテン *Mahonia Fortunei* 62
ナンテン(南天竹) *Nandina domestica* 57
【ツバキ科 *Theaceae*】
チャ(茶) *Camellia sinensis* 62(iv)
サザンカ(茶梅) *Camellia Sasanqua* 38
ツバキ *Camellia japonica* 38(ii)
モッコク(厚皮香) *Ternstroemia gymnanthera* 40(ii)
ヒサカキ(野茶) *Eurya japonica* 40(ii)
*ハマヒサカキ *Eurya emarginata* 50
*サカキ *Cleyera japonica* 40
【ホルトノキ科 *Elaeocarpaceae*】
ホルトノキ *Elaeocarpus sylvestris* 51(iv)
【シナノキ科 *Tiliaceae*】
ボダイジュ *Tilia Miqueliana* 62
*シナノキ *Tilia japonica* 46
*マンシュウボダイジュ *Tilia mandschurica* 57
【アオイ科 *Malvaceae*】
ムクゲ(木槿) *Hibiscus syriacus* 62
【アオギリ科 *Sterculiaceae*】
アオギリ(梧桐) *Firmiana simplex* 57
【ユキノシタ科 *Saxifragaceae*】
ウツギ(溲疏) *Deutzia crenata* (iii)
ガクアジサイ *Hydrangea macrophylla* 51(iv)
【トベラ科 *Pittosporaceae*】
トベラ *Pittosporum Tobira* 50
【マンサク科 *Hamamelidaceae*】
マンサク *Hamamelis japonica*
イスノキ *Distylium racemosum* 57
【スズカケノキ科 *Platanaceae*】
モミジバスズカケノキ *Platanus × hispanica* 63
【バラ科 *Rosaceae*】
シロヤマブキ(鶏麻) *Rhodotypos scandens* 57
ヤマブキ(棣棠) *Kerria japonica* 57(iii)
カナメモチ *Photinia glabra* 57
ビワ(枇杷) *Eriobotrya japonica* 57
タチバナモドキ *Pyracantha angustifolia* 62
*エドヒガン *Prunus Spachiana* 16
カスミザクラ *Prunus Leveilleana* 16
ヤマザクラ *Prunus Jamasakura* 16(iii)
ソメイヨシノ *Prunus × yedoensis* 16
*オオシマザクラ *Prunus Lannesiana* 17
ウメ(梅) *Prunus Mume* 62
アンズ(杏) *Prunus Armeniaca* 62
ノイバラ *Rosa multiflora*
ユキヤナギ *Spiraea Thunburgii* 57
【マメ科 *Leguminosae*】
フジ *Wisteria floribunda* 42
ネムノキ(合歓) *Albizzia Julibrissin* 21
ハナズオウ(紫荊) *Cercis chinensis*
デイゴ *Erythrina variegata* 62
【ミカン科 *Rutaceae*】
ナツミカン *Citrus Natsudaidai* 62
レモン(檸檬) *Citrus limon* 62
キンカン(金柑) *Fortunella japonica* 62
【ニガキ科 *Simaroubaceae*】
シンジュ(ニワウルシ) *Ailanthus altissima* 62
【センダン科 *Meliaceae*】
センダン(楝) *Melia Aezdanach* (iii)
【カエデ科 *Aceraceae*】
ハナノキ *Acer pycnanthum* 18,53
*アメリカハナノキ *Acer rubrum* 53
トウカエデ *Acer buergerianum* 62
タカオカエデ *Acer palmatum* 46
*チドリノキ *Acer carpinifolium* 46
【トチノキ科 *Hippocastanaceae*】
セイヨウトチノキ(マロニエ) *Aesculus Hippocastanum* 63(iii)

ベニバナトチノキ *Aesculus × carnea* 63
*トチノキ *Aesculus turbinata* 46
【モチノキ科 *Aquifoliaceae*】
ウメモドキ *Ilex serrata*
イヌツゲ *Ilex crenata* 41
*ソヨゴ *Ilex pedunculosa*
クロガネモチ *Ilex rotunda* 41
モチノキ *Ilex integra* 50(iv)
タラヨウ(波羅樹) *Ilex latifolia* 41
【ニシキギ科 *Celastraceae*】
ニシキギ(衛予) *Euonymus alatus* 57
ツルウメモドキ *Celastrus orbiculatus* 42
【ブドウ科 *Vitaceae*】
ツタ (常春藤) *Parthenocissus tricuspidata* 42
【モクセイ科 *Oleaceae*】
ヒトツバタゴ (流蘇樹) *Chionanthus retusus* 18(表紙)
イボタノキ *Ligustrum obtusifolium*
ネズミモチ *Ligustrum japonicum*
オリーブ *Olea europae* 62
ギンモクセイ (銀桂) *Osmanthus fragrans* 62
キンモクセイ (丹桂) *Osmanthus fragrans var. aurantiacus* 62
ヒイラギモクセイ *Osmanthus × Fortunei* 63
ヒイラギ *Osmanthus heterophyllus*
ムラサキハシドイ *Syringa vulgaris* 62
オウバイ(迎春花) *Jasminum nudiflorum* 62
【ミズキ科 *Cornaceae*】
アオキ *Aucuba japonica* 41(ii)
【ウコギ科 *Araliaceae*】
キヅタ(百脚蜈蚣) *Hedera rhombea* 42
ヤツデ *Fatsia japonica* 41
【グミ科 *Elaeagnaceae*】
ナツグミ *Elaeagnus multiflora*
【ジンチョウゲ科 *Thymelaeaceae*】
ミツマタ (黄瑞香) *Edgemoethia chrysantha* 62
【フトモモ科 *Myrtaceae*】
フェイジョア *Feijoa sellowiana* 63
【ザクロ科 *Punicaceae*】
ザクロ(安石榴) *Punica Granatum* 62
サルスベリ *Lagerstroemia indica* 62
【ニレ科 *Ulmaceae*】
アキニレ(榔楡) *Ulmus parvifolia* 19
*ハルニレ *Ulmus Davidiana* 46
*オヒョウ *Ulmus laciniata* 46
ケヤキ *Zelkova serrata* 19
ムクノキ *Aphananthe aspera* 19
エノキ(朴樹) *Celtis sinensis* 19
【クワ科 *Moraceae*】
イヌビワ *Ficus erecta* 41
ヒメイタビ *Ficus stipulata* 42
クワ *Morus australis*
【ヤマモモ科 *Myricaceae*】
ヤマモモ (楊梅) *Myrica rubra* 34,36 (i)
*ヤチヤナギ *Myrica Gale* 35,36
【クルミ科 *Juglandaceae*】
*オニグルミ *Juglans mandshurica* 57
【カバノキ科 *Betulaceae*】
*ミヤマハンノキ *Alnus crispa* 36,56
*ダケカンバ *Betula Ermanii* 56
【ブナ科 *Fagaceae*】
コナラ (抱樹) *Quercus serrata* 14,22 (iii)
アベマキ(栓皮櫟) *Quercus variabilis* 14(iii)
クヌギ(櫟) *Quercus acutissima* 14
*ナラガシワ *Quercus aliena* 15
*カシワ *Quercus dentata* 15,20
*ミズナラ *Quercus grosserrata* 15,46
*モンゴリナラ *Quercus mongolica* 15,57
オーク *Quercus robur* 47,63
*コルクガシ *Quercus suber* 32
ウバメガシ(烏岡櫟) *Quercus phillyraeoides* 32,50
アカガシ *Cyclobalanopsis acuta* 29
*アラカシ (青剛櫟) *Cyclobalanopsis glauca* 30,31
イチイガシ *Cyclobalanopsis gilva* 29
*ツクバネガシ *Cyclobalanopsis sessili-*

folia 30
シラカシ(麺櫟) *Cyclobalanopsis myrsinaefolia* 29(ii)
*ウラジロガシ *Cyclobalanopsis salicina* 30
ツブラジイ *Castanopsis cuspidata* 22,24,26,33
スダジイ *Castanopsis Sieboldii* 24,26(i)
マテバシイ *Lithocarpus edulis* 28(i)
ブナ *Fagus crenata* 32,46
*クリ *Castanea crenata* 32(34)
【ヤナギ科 *Salicaceae*】
ハコヤナギの一種（白楊） *Populus tomentosa*
【ユズリハ科 *Daphniphyllaceae*】
ヒメユズリハ *Daphniphyllum Teijsmannii* 50
【トウダイグサ科 *Euphorbiaceae*】
ナンキンハゼ（烏臼木） *Sapium sebiferum* 62
アカメガシワ（野梧桐） *Mallotus japonicus* 20(iii)
【ツゲ科 *Buxaceae*】
ツゲ *Buxus microphylla*
【ヤブコウジ科 *Myrsinaceae*】
マンリョウ *Ardisia crenata* 41
*ヤブコウジ *Ardisia japonica* 42
【ツツジ科 *Ericaceae*】
シャシャンボ *Vaccinium bracteatum* 11(i)
*スノキ *Vaccinium Smallii* 11
*ウスノキ *Vaccinium hirtum* 11
*ナツハゼ *Vaccinium Oldhami* 11
*コケモモ *Vaccinium Vitis-Idaea* 12
*アークトスタフィロス *Arctostaphylos uva-ursi* 12
*カルーナ *Calluna vulgaris* 12
ドウダンツツジ *Enkianthus perulatus* 11(13)
アセビ *Pieris japonica*
コバノミツバツツジ *Rhododendron reticulatum* 10
サツキ *Rhododendron indicum* 13
*モチツツジ *Rhododendron macrosepalum* 10
*ヤマツツジ *Rhododendron obtusum var. Kampferi* 10
*キバナシャクナゲ *Rhododendron aureum* 56
*エゾツツジ *Rhododendron camtschaticum* 56
【ガンコウラン科 *Empetraceae*】
*ガンコウラン *Empetrum nigrum* 12
【カキノキ科 *Ebenaceae*】
カキ *Diospyros Kaki* 62
【アカネ科 *Rubiaceae*】
*アリドオシ *Damnacanthus indicus* 42
*ジュズネノキ *Damnacanthus major* 42
*ルリミノキ *Lasianthus japonicus* 56
【キョウチクトウ科 *Apocynaceae*】
キョウチクトウ(夾竹桃) *Nerium indicum* 62
テイカカズラ *Trachelospermum asiaticum* 42
【スイカズラ科 *Caprifoliaceae*】
キンギンボク *Lonicera Morrowii*
サンゴジュ(珊瑚樹) *Viburnum odoratissimum* 57
ハナツクバネウツギ(アベリア) *Abelia × grandiflora* 63
【クマツヅラ科 *Verbenaceae*】
クサギ(臭牡丹樹) *Clerodendon trichotomum*
【リュウゼツラン科 *Agavaceae*】
イトラン *Yucca filamentosa* 63
【ヤシ科 *Palmae*】
シュロ *Trachycarpus Fortunei* 56
【イネ科 *Gramineae*】
ネザサ *Pleioblastus Fortunei* 2,56
オカメザサ *Shibataea Kumasaca* 56
ホテイチク *Phyllostachys aurea* 56
マダケ／キンメイチク *Phyllostachys bambusoides* 56

◉五十音順

*アークトスタフィロス *Arctostaphylos uva-ursi* 12
アオキ *Aucuba japonica* 41（ii）
アオギリ（梧桐） *Firmiana simplex* 57
アカガシ *Cyclobalanopsis acuta* 29
アカマツ *Pinus densiflora* 2,4
アカメガシワ（野梧桐） *Mallotus japonicus* 20（iii）
アキニレ（榔楡） *Ulmus parvifolia* 19
アセビ *Pieris japonica*
アベマキ（栓皮櫟） *Quercus variabilis* 14（iii）
*アメリカハナノキ *Acer rubrum* 53
*アラカシ（青剛櫟） *Cyclobalanopsis glauca* 30,31
*アリドオシ *Damnacanthus indicus* 42
アンズ（杏） *Prunus Armeniaca* 62
イスノキ *Distylium racemosum* 57
イチイ（キャラボク） *Taxus cuspidata* 47
イチイガシ *Cyclobalanopsis gilva* 29
イチョウ（銀杏） *Ginkgo biloba* 61（iv）
イトラン *Yucca filamentosa* 63
イヌツゲ *Ilex crenata* 41
イヌビワ *Ficus erecta* 41
イヌマキ *Podocarpus macrophyllus* 55（iv）
イブキ（桧） *Juniperus chinensis* 51
イボタノキ *Ligustrum obtusifolium*
*ウスノキ *Vaccinium hirtum* 11
ウツギ（溲疏） *Deutzia crenata* （iii）
ウバメガシ（烏岡櫟） *Quercus phillyraeoides* 32,50
ウメ（梅） *Prunus Mume* 62
ウメモドキ *Ilex serrata*
*ウラジロガシ *Cyclobalanopsis salicina* 30
*ウラジロモミ *Abies homolepis* 49
*エゾツツジ *Rhododendron camtschaticum* 56
*エドヒガン *Pranus Spachiana* 16
エノキ（朴樹） *Celtis sinensis* 19
オウバイ（迎春花） *Jasminum nudiflorum* 62
オーク *Quercus robur* 47,63
*オオシマザクラ *Prunus Lannesiana* 17
オカメザサ *Shibataea Kumasaca* 56
*オニグルミ *Juglans mandshurica* 57
*オヒョウ *Ulmus laciniata* 46
オリーブ *Olea europae* 62
カキ *Diospyros Kaki* 62
ガクアジサイ *Hydrangea macrophylla* 51（iv）
*カシワ *Quercus dentata* 15,20
カスミザクラ *Prunus Leveilleana* 16
カナメモチ *Photinia glabra* 57
*カルーナ *Calluna vulgaris* 12
*ガンコウラン *Empetrum nigrum* 12
キヅタ（百脚蜈蚣） *Hedera rhombea* 42
*キバナシャクナゲ *Rhododendron aureum* 56
キョウチクトウ（夾竹桃） *Nerium indicum* 62
キンカン（金柑） *Fortunella japonica* 62
キンギンボク *Lonicera Morrowii*
ギンモクセイ（銀桂） *Osmanthus fragrans* 62
キンモクセイ（丹桂） *Osmanthus fragrans var. aurantiacus* 62
グイマツ *Larix Gemelinii* 43
クサギ（臭牡丹樹） *Clerodendon trichotomum*
クスノキ（樟） *Cinnamomum Camphora* 35（ii）
クヌギ（櫟） *Quercus acutissima* 14
*クリ *Castanea crenata* 32（34）
クロガネモチ *Ilex rotunda* 41
*クロベ *Thuja Standishii* 49
クロマツ *Pinus Thunbergii* 2,4（i）
クワ *Morus australis*

ゲッケイジュ *Laurus nobilis* 62(iv)
ケヤキ *Zelkova serrata* 19
*コウヤマキ *Sciadopitys verticillata* 49
*コケモモ *Vaccinium Vitis-Idaea* 12
コナラ(抱樹) *Quercus serrata* 14,22(iii)
コバノミツバツツジ *Rhododendron reticulatum* 10
*コブシ *Magnolia Kobus* 19
*コルクガシ *Quercus suber* 32
*サカキ *Cleyera japonica* 40
ザクロ(安石榴) *Punica Granatum* 62
サザンカ(茶梅) *Camellia Sasanqua* 38
サツキ *Rhododendron indicum* 13
サルスベリ *Lagerstroemia indica* 62
サワラ *Chamaecyparis pisifola* 47
サンゴジュ(珊瑚樹) *Viburnum odoratissimum* 57
シキミ *Illicium anisatum* 40
シデコブシ *Magnolia stellata* 18(iii)
*シナノキ *Tilia japonica* 46
*シナユリノキ *Liriodendron chinense* 54
シャシャンボ *Vaccinium bracteatum* 11(i)
*ジュズネノキ *Damnacanthus major* 42
シュロ *Trachycarpus Fortunei* 56
シラカシ(麺槺) *Cyclobalanopsis myrsinaefolia* 29(ii)
*シラビソ(トドマツ) *Abies Veitchii* 43
シロヤマブキ(鶏麻) *Rhodotypos scandens* 57
シンジュ(ニワウルシ) *Ailanthus altissima* 62
スギ(倭木) *Cryptomeria japonica* 47
スダジイ *Castanopsis Sieboldii* 24,26(i)
*スノキ *Vaccinium Smallii* 11
セイヨウトチノキ(マロニエ) *Aesculus Hippocastanum* 63(iii)
センダン(楝) *Melia Aezdanach* (iii)
センリョウ *Chloranthus glaber* 41(42)
ソテツ(蘇鉄) *Cycas revoluta* 52(52)
ソメイヨシノ *Prunus × yedoensis* 16
*ソヨゴ *Ilex pedunculosa*
タイサンボク(洋玉蘭) *Magnolia grandiflora* 53,63(iv)
タカオカエデ *Acer palmatum* 46
*ダケカンバ *Betula Ermanii* 56
タチバナモドキ *Pyracantha angustifolia* 62
タブノキ(紅楠) *Persea Thunbergii (Machilus Thunbergii)* 22,35(ii)
*タムシバ *Magnolia salicifolia* 19
タラヨウ(波羅樹) *Ilex latifolia* 41
*チドリノキ *Acer carpinifolium* 46
チャ(茶) *Camellia sinensis* 62(iv)
*チョウセンマツ *Pinus koraiensis* 5,57
*ツガ *Tsuga Sieboldii* 47
*ツクバネガシ *Cyclobalanopsis sessilifolia* 30
ツゲ *Buxus microphylla*
ツタ(常春藤) *Parthenocissus tricuspidata* 42
ツバキ *Camellia japonica* 38(ii)
ツブラジイ *Castanopsis cuspidata* 22,24,26,33
ツルウメモドキ *Celastrus orbiculatus* 42
テイカカズラ *Trachelospermum asiaticum* 42
デイゴ *Erythrina variegata* 62
トウカエデ *Acer buergerianum* 62
ドウダンツツジ *Enkianthus perulatus* 11(13)
*トウヒ(エゾマツ) *Picea jezoensis* 43
*トガサワラ *Pseudotsuga japonica* 49
*トチノキ *Aesculus turbinata* 46
トベラ *Pittosporum Tobira* 50
ナギ *Podocarpus Nagi* 55
ナツグミ *Elaeagnus multiflora*
*ナツハゼ *Vaccinium Oldhami* 11
ナツミカン *Citrus Natsudaidai* 62

*ナラガシワ *Quercus aliena* 15
ナンキンハゼ（烏臼木） *Sapium sebiferum* 62
ナンテン(南天竹) *Nandina domestica* 57
ニシキギ(衛予) *Euonymus alatus* 57
*ニッケイ *Cinnamomum Sieboldii* 37
ネザサ *Pleioblastus Fortunei* 2,56
ネズ(杜松) *Juniperus rigida* 2(ⅰ)
ネズミモチ *Ligustrum japonicum*
ネムノキ(合歓) *Albizzia Julibrissin* 21
ノイバラ *Rosa multiflora*
*ハイマツ *Pinus pumila* 43,56
ハクモクレン(玉蘭) *Magnolia denudata* 62
ハコヤナギの一種（白楊） *Populus tomentosa*
ハナズオウ(紫荊) *Cercis chinensis*
ハナツクバネウツギ(アベリア) *Abelia* × *grandiflora* 63
ハナノキ *Acer pycnanthum* 18,53
*ハマヒサカキ *Eurya emarginata* 50
*ハルニレ *Ulmus Davidiana* 46
ヒイラギ *Osmanthus heterophyllus*
ヒイラギナンテン(十大功労) *Mahonia japonica* 62
ヒイラギモクセイ *Osmanthus* × *Fortunei* 63
ヒサカキ（野茶） *Eurya japonica* 40(ⅱ)
ヒトツバタゴ（流蘇樹） *Chionanthus retusus* 18(表紙)
ヒノキ *Chamaecyparis obtusa* 47
ヒマラヤスギ *Cedrus Deodara* 62
ヒメイタビ *Ficus stipulata* 42
ヒメユズリハ *Daphniphyllum Teijsmannii* 50
ビワ(枇杷) *Eriobotrya japonica* 57
フェイジョア *Feijoa sellowiana* 63
フジ *Wisteria floribunda* 42
ブナ *Fagus crenata* 32,46
ベニバナトチノキ *Aesculus* × *carnea* 63
ホオノキ *Magnolia obovata* 20,53
ホソバヒイラギナンテン *Mahonia Fortunei* 62
ボダイジュ *Tilia Miqueliana* 62
ホテイチク *Phyllostachys aurea* 56
ホルトノキ *Elaeocarpus sylvestris* 51(ⅳ)
マダケ／キンメイチク *Phyllostachys bambusoides* 56
マテバシイ *Lithocarpus edulis* 28(ⅰ)
マンサク *Hamamelis japonica*
*マンシュウボダイジュ *Tilia mandschurica* 57
マンリョウ *Ardisia crenata* 41
*ミズナラ *Quercus grosserrata* 15,46
ミツマタ（黄瑞香） *Edgemoethia chrysantha* 62
*ミヤマハンノキ *Alnus crispa* 36,56
ムクゲ(木槿) *Hibiscus syriacus* 62
ムクノキ *Aphananthe aspera* 19
ムラサキハシドイ *Syringa vulgaris* 62
メタセコイア（水杉） *Metasequoia glyptostroboides* 43,61
モクレン(辛夷) *Magnolia liliflora* 62
*モチツツジ *Rhododendron macrosepalum* 10
モチノキ *Ilex integra* 50(ⅳ)
モッコク（厚皮香） *Ternstroemia gymnanthera* 40(ⅱ)
モミ *Abies firma* 47
モミジバスズカケノキ *Platanus* × *hispanica* 63
*モンゴリナラ *Quercus mongolica* 15, 57
*ヤチヤナギ *Myrica Gale* 35,36
ヤツデ *Fatsia japonica* 41
*ヤブコウジ *Ardisia japonica* 42
ヤブニッケイ *Cinnamomum japonicum* 35
ヤマザクラ *Prunus Jamasakura* 16(ⅲ)
*ヤマツツジ *Rhododendron obtusum var. Kampferi* 10

ヤマブキ（棣棠） *Kerria japonica* 57（iii）
ヤマモモ（楊梅） *Myrica rubra* 34,36（i）
ユキヤナギ *Spiraea Thunburgii* 57
ユリノキ *Liriodendron Tulipifera* 54, 62
*ルリミノキ *Lasianthus japonicus* 56
レモン（檸檬） *Citrus limon* 62